Die Wege des Honigs

ÉRIC TOURNERET | SYLLA DE SAINT PIERRE

Die Wege des Honigs

Über 300 atemberaubend großformatige Fotos zur Honigbiene und zum Honig

mit Vorworten von Jürgen Tautz und Jean Claude Ameisen
aus dem Französischen von Claudia Ade

Dieses Buch widme ich meiner Tochter **Clara** und allen zukünftigen Generationen.

Éric Tourneret

»Beim Öffnen eines Bienenstocks gehe ich sehr sorgsam vor und gebe sowohl auf mich als auch auf die Bienen acht. Das erfordert Hinhören, Respekt und Zeit. Die Bienen lehren mich, vorsichtig zu sein, mich zurückzunehmen, und das tut mir gut.«

Èric Tourneret beschäftigt sich schon mehr als zehn Jahre lang mit Bienen. Seine erste Reise führte ins Innere eines Bienenstocks, wo er Bilder aufnahm, die heute noch Bienenfreunde sprachlos machen und die die Bienen an ihrem intimsten Rückzugsort zeigen. Diese Begegnung wurde sehr schnell zur Leidenschaft und Éric machte sich auf, um andere Bienen und Imkereien kennenzulernen. Langsam entstand so ein großes Mosaik und wurde durch jede Reise vervollständigt, während immer neue Fragen auftauchten. Ich habe Éric in Nepal gesehen, wie er im Regen 80 Meter über dem Boden hing, von allen Seiten angegriffen wurde, seinen Schwindel dabei völlig vergessen hatte und nur an die Schnappschüsse dachte, die er aufnehmen wollte. Doch über die Welt der Bienen senken sich allmählich lange Schatten. Wenn man so viele Länder bereist hat, wird einem die Wirklichkeit vor Augen geführt, die im Kontrast zu dem lebendigen Wunder eines Bienenvolks steht.

Die Texte in diesem Buch beschreiben den Zauber, die Begegnungen und auch das Umweltbewusstsein, die auf dem Weg des Honigs liegen, dem Éric gefolgt ist. Experten, die in diesem Buch zu Wort kommen, erklären diese Reise durch unsere Welt und sie enthüllen uns den einzigartigen »Geist des Bienenvolks«.

Sylla de Saint Pierre

Besonderer Dank

- an **Jean-Marie Hullot, Francoise Brenckmann und die Stiftung Iris**, die mich von Anfang an darin unterstützt haben, die Ausstellung »Die Wege des Honigs« im Jardin du Luxembourg in Paris zu realisieren,
- an **Jean Claude Ameisen** für sein hervorragendes Vorwort
- und **an die Experten** Nicolas César, Henri Clément, Margaret Couvillon, Martin Giurfa, Alexandra Henrion-Caude, Jerome Lewis, David Roubik, Gilles-Éric Séralini, Jürgen Tautz, Dennis vanEngelsdorp, Giorgio Venturieri für ihre freundliche Zusammenarbeit.

Inhalt

7 **Vorwort**
Jürgen Tautz und
Jean Claude Ameisen

17 **Bienen und Blüten**
19 China: Vergiftete Bestäuber
29 USA: Zu viele Bienen?
37 *Olivier De Schutter:* Wir könnten doppelt so viele Menschen ernähren

39 **Jäger und Sammler**
41 Kongo: Das Gold der Mbendjélé
53 *Jerome Lewis:* Honigmond
57 Indien: Der Honig der Unberührbaren
71 Kamerun: Buschland und Baumrinde
77 Indonesien: Die Riesen Borneos
91 *Nicolas César[d]:* Wild lebend oder domestiziert?

93 **Waghalsige Flüge**
100 *Martin Giurfa:* Das Genie der Biene

103 **An den Quellen des Nektars**
105 Äthiopien: Hirten der Bienen
121 Rumänien: Bienenwanderungen
131 Argentinien: Der Lauf des Wassers
141 *Margaret Couvillon:* Meine Liebe gilt der Biodiversität

143 **Selten und wertvoll**
144 Nepal
150 Australien
156 Neuseeland
161 Türkei: Der Honig des Goldenen Vlieses
175 Australien: Traumhafte Ameisen
185 *Alexandra Henrion-Caude:* Honig als Heilmittel

187 **Apis urbanis**
188 Paris
190 New York
192 London
194 Berlin
197 *Henri Clément:* Verlorene Paradiese

199 **Ich steche nicht!**
201 Brasilen: Die Feen des Amazonas
209 *David Roubik:* Die ältesten Bienen der Welt
210 Panama
214 Costa Rica
223 *David Roubik:* Stachellos, aber nicht wehrlos
224 Kongo
226 Mexiko

233 **Gefahren und Räuber**
235 Asiatische Hornissen
244 Varroamilben
246 Krabbenspinnen
248 Bären
249 Gottesanbeterinnen
250 *Gilles-Éric Séralini:* Unsichtbare Feinde

253 **Verrückt nach Honig**
255 China: Das Fest der Blüten
265 Australien: Ewiger Nektar
277 *Dennis vanEngelsdorp:* Vorsicht! Kontaminierter Pollen!

279 **Killerbienen**
281 Panama: Gefährlich, aber produktiv
291 *Jürgen Tautz:* Fleißige Bienen

293 **Klotzbeuten und Bienenkörbe**
295 Russland: Honigreiter
301 Slowenien: Die Farben des Lebens
307 Kamerun: Nächte voller Überfluss
313 Deutschland: Die Körbe der Lüneburger Heide
320 Schweiz
322 Mexiko
326 *Thomas D. Seeley:* Bienendemokratie

331 **Wachstum und Vermehrung**
344 *Éric Tourneret:* Ungleichgewicht und Erneuerung

351 **Serviceteil**
351 Dank
352 Weitere Werke des Autors
352 Zum Weiterlesen
352 Impressum

»Sie sind die Seele des Sommers. Wer sie kennt und liebt, für den wäre ein Sommer ohne Bienen genauso schrecklich und unvollkommen wie ein Sommer ohne Vögel und Blumen.«

Maurice Maeterlinck, La vie des abeilles

Vorwort

Honigbienen haben für uns Menschen eine ganz besondere Bedeutung. Der Honig muss schon vor vielen Millionen Jahren unseren Vorfahren wie Nahrung von einem anderen Stern vorgekommen sein, zu Zeiten, in denen diese frühen Menschen noch kein Feuer beherrschten und einen Speisezettel hatten, in dem der Honig als große Besonderheit hervorstach. Der Honig hat als besonderes Naturprodukt von seiner Bedeutung bis heute nichts eingebüßt, selbst wenn wir mittlerweile über attraktivere Ernährungsmöglichkeiten verfügen als in der Frühzeit der Menschheitsgeschichte.

Blütenhonig entsteht aus dem Nektar der Blütenpflanzen, den die Bienen im Austausch gegen das Bestäubungsgeschäft erhalten. Die Schar der Sammelbienen eines jeden Bienenvolks besucht täglich viele Millionen Blüten und dominiert damit das Geschäft der Bestäuber-Organismen. Im Bienennest wird der Nektar aus dem Sammelmagen ausgeleert, dabei mit Enzymen aus Drüsen der Bienen versetzt und schließlich durch Wasserentzug in Honig verwandelt.

Der Honig ist nicht nur das Resultat und das Symbol einer unauflösbaren Verbindung zwischen Blütenpflanzen und Bienen. Honig ist auch der Stoff, der die Existenz eines Bienenvolks erst möglich macht. Als Nahrung erhält er die Bienen und als Energielieferant ist er der Brennstoff des Bienenstaates, dessen Energiegehalt durch die Bienen aktiv in Wärme umgewandelt wird. Diese Wärme wird im Brutnest um einen Wert reguliert, der unserer eigenen Körperwärme nahekommt. Wärme wird aber auch beim Wabenbau eingesetzt, wenn die Wachswände der rundlichen Rohlinge so stark erwärmt werden, dass sich selbst organisiert die exakte Regelmäßigkeit des Zellmusters bilden kann. Und mit Wärme wird dem Nektar zur Honigbildung Wasser entzogen, womit sich ein Kreis schließt.

Den Staaten der Honigbienen nähern sich Menschen auf höchst unterschiedliche Weise. Allen gemeinsam ist die Vorsicht vor den Tausenden von Giftstacheln. Der Naturliebhaber erfreut sich an den erstaunlichen Beobachtungen, die man als aufgeschlossener Mensch an den Bienen machen kann. Der Naturschützer sorgt sich um das zunehmend bedrohte Wohlergehen der Bienen, deren Zustand zugleich ein Indikator für den Zustand der Natur insgesamt ist. Der Bienenforscher versucht zu verstehen, wie ein derart hochkomplexes Sozialgefüge wie ein Bienenstaat im Lauf der Evolution entstanden ist, wie es in seinem Innern zusammengehalten wird, wie es funktioniert und welche Wechselwirkungen mit anderen Lebewesen wichtig sind.

Eines dieser Lebewesen, mit deren Leben das der Bienen eng verwoben ist, ist der Mensch selbst. Die einfachste und ursprünglichste Form, sich den Bienen zu nähern, ist das Abschöpfen wertvoller Produkte aus natürlichen Bienennestern. Honig und Bienenlarven als Nahrungsmittel sowie Wachs als vielfältig einsetzbares Naturprodukt machen jeden noch so gefährlichen Aufwand lohnenswert, an die Nester heranzukommen und sie »abzuernten«.

Später hat der Mensch gelernt, die Bienen in ihrer natürlicher Umgebung regelrecht zu bewirtschaften – das Zeidlerwesen mit den künstlich angelegten Baumhöhlen entstand. Die nächsten Schritte hin zu einer immer stärker kontrollierten Bienenhaltung waren das Versetzen der Bienennester aus dem Wald in die Nähe der Menschen, das Ersetzen der Baumstämme mit den Nestern durch Kästen, die Erfindung der beweglichen Rähmchen und all das, was wir heute in der modernen Imkerei vorfinden. Dazu kommt in jüngster Zeit die steigende Notwendigkeit, die Bienen in ihrer Gesunderhaltung zu unterstützen, da Parasiten, Krankheiten und Umwelteinflüsse ihnen immer stärker zusetzen.

Die enorme Bedeutung gesunder Bienenbestände wird klar, wenn man sich die Partnerschaft von Biene und Mensch im Bestäubergeschäft für Wild- und Nutzpflanzen klarmacht. Wir leben in einer Zeit, in der all die Möglichkeiten Bienen zu bewirtschaften auf unserer Erde noch nebeneinander existieren. Es wird auch eine Frage der Zeit sein, bis diese Vielfalt verschwunden sein wird und mit ihr sehr viel wertvolles Wissen zum Umgang mit diesen hoch sympathischen, extrem spannenden und unschätzbar wichtigen Lebewesen.

Die im hier vorliegenden Buch vorgestellte Arbeit von Éric Tourneret, mit der er im Bild festhält, wie sich die »Straße des Honigs« rund um den Globus zusammensetzt, ist nicht nur ein ästhetischer Genuss – sie ist auch ein Dokument für uns und künftige Generationen.

Prof. Dr. Jürgen Tautz, HOBOS-Team der Universität Würzburg

Die ersten Blüten haben die ersten Bienen ernährt und im Gegenzug bestäubten die Bienen die Blütenpflanzen. So sorgten sie für ihre Vermehrung, Verbreitung und Vielfalt. Heute gibt es rund 20 000 Bienen- und über 250 000 Blütenpflanzen-Arten. Dies ist eines der spektakulärsten Beispiele der Koevolution in der Welt der Lebewesen.

Kürzlich durchgeführte Studien konnten einige der Evolutionsgeheimnisse der Bienen aufdecken. Zu Beginn ihrer Existenz schienen die Bienen ein Einzelgängerdasein zu führen. Das trifft auf eine große Mehrheit von ihnen auch heute noch zu. Dann soll es mehrere Übergangsformen bis hin zu einem ausgeklügelten Sozialleben gegeben haben. Die ältesten Übergangsformen traten in der großen Familie der Apidae auf. Daraus gingen zwei Gruppen von Honig liefernden Bienen hervor: die stachellosen Bienen (Meliponi), die heute die Tropen bevölkern, und die Honigbienen (Apini). Zu dieser Gruppe zählen neun Arten, darunter die bei uns bekannteste Honigbiene *Apis mellifera*.

Ein altes Wandgemälde in einer Höhle zeigt unsere Vorfahren, wie sie gerade Honig aus einem wilden Bienenstock stehlen. *»Welch ein Gott, ihr Musen, enthüllte uns diese Erfindung?«*, schrieb Vergil vor etwas mehr als 2000 Jahren. 2500 Jahre zuvor wurden auf einem Relief im Sonnentempel von Abu Ghorab in Ägypten bereits Bienenzüchter und Beuten abgebildet. Der älteste archäologische Fund im Zusammenhang mit der Bienenzucht wurde in den Ruinen der antiken Stadt Tel Rehov im Jordantal entdeckt. Inmitten der Stadt befand sich ein Bienenhaus. Und in seinem Innern findet man noch heute die Überbleibsel der Bienen, die hier vor über 3000 Jahren lebten. Die Erzeugnisse von Bienen waren damals hochgeschätzt – nicht nur der Honig mit seinem exzellenten Geschmack, sondern auch das Wachs, mit dem man im Bronzezeitalter wunderschöne Bronzegüsse herstellte.

Noch lange, bevor die Bienen domestiziert wurden, leisteten sie einen wichtigen Beitrag zur Produktion von Früchten, Getreide, Gemüse und Nüssen, den Nahrungsmitteln unserer Vorfahren. Heute stammt ein Drittel unserer Nahrungsmittel weltweit von Pflanzen, die von Bienen bestäubt wurden.

Doch unsere Bienen sind in Gefahr. Wie die meisten bestäubenden Insekten sterben sie aus. Die Ursachen dafür sind die Aufsplitterung ihres Lebensraums, ihre abnehmende Widerstandskraft gegen Parasiten und der Einsatz von Pestiziden. Vor allem die Neonicotinoide, die weltweit am häufigsten verwendeten Pestizide, sind Gifte, die das Nervensystem der Bienen angreifen und ihren Orientierungssinn durcheinanderbringen. Dieser erstaunliche Orientierungssinn der Honigbienen ermöglicht den Sammelbienen, ihren Schwestern in der Beute einen Reisebericht zu liefern. Denn Bienen sind gute Geschichtenerzählerinnen. Sie besitzen die außerordentliche Fähigkeit, ihren Schwestern Richtung, Entfernung und Qualität einer Nektar-, Pollen- oder Wasserquelle mitzuteilen, die sie entdeckt haben.

Die Geheimsprache der Bienen wurde 1945 vom Verhaltensforscher Karl von Frisch entschlüsselt – eine Sprache ohne Worte, die *Tanzsprache*, wie er sie bezeichnete. Mit dem *Schwänzeltanz* durchlebt die Biene ihren Ausflug oder ihre Entdeckung im Dunkel des Bienenstocks noch einmal. Je außergewöhnlicher die gefundene Nahrungsquelle der Tänzerin erscheint, desto lebhafter, geräuschvoller und länger ist ihr Tanz. Und umso größer ist die Zahl der Bienenschwestern, die sich auf die Suche nach diesem Schatz machen.

Den Schwänzeltanz einer Arbeitsbiene erleben die Schwestern als Einladung, selbst abzufliegen. Aber manchmal wird der Tanz von einer anderen Arbeiterin, die ein Alarmsignal von sich gibt, abrupt unterbrochen. Dieses wird *Stopp-Signal* genannt. Wenn die andere Sammlerin an dem Ort, den die Tänzerin gerade den anderen schmackhaft machen will, von einem Feind angegriffen wurde, dann folgt sie der Tänzerin und versetzt ihr, verbunden mit Summtönen, eine Reihe schnell aufeinander folgender Kopfstöße. Sofort hört die Tänzerin auf zu tanzen. Indem das Bienenvolk individuelle, bruchstückhafte und unvollständige Informationen weiterleitet, entwickelt es eine Art kollektiver Intelligenz, die es jeder einzelnen Biene ermöglicht, sich in einer komplexen und sich ändernden Umwelt zurechtzufinden und trotzdem einen Teil des Ganzen zu repräsentieren.

Von Frühling bis Herbst wird der Schwänzeltanz auf den Wachswaben in der Dunkelheit des Bienenstocks aufgeführt. Doch einmal im Jahr vollführen die Bienen diese Choreografie einige Tage lang in praller Sonne auf dem Rücken ihrer Schwestern. Der Bienenschwarm, der zu zwei Dritteln aus Arbeiterinnen besteht, verlässt zusammen mit der Königin das Nest und *»lässt sich vom Wind treiben wie eine dunkle Wolke«*, so Vergil. Nun lässt sich der Schwarm auf dem Ast eines Baumes in der Nähe nieder.

In der alten Wohnung erwarten die Arbeiterinnen die Geburt der Prinzessinnen, von denen eine die neue Königin sein wird. Der Schwarm auf dem Ast bildet eine goldene Traube. Dann lösen sich mehrere Bienen von ihm – es sind die Kundschafterinnen, die erfahrensten unter den Sammlerinnen. Sie erkunden die Gegend und nach ihrer Rückkehr tanzen sie ihre Entdeckungen auf dem Rücken des Schwarms. So wurde der Schwänzeltanz für das Bienenvolk zum Mittel, den besten Ort für seine neue Wohnstatt auszuwählen.

Thomas Seeley schreibt in seinem Buch *Bienendemokratie*: *»So beginnt, was ich für das wundervollste Beispiel für die Art und Weise halte, wie eine Vielzahl von Bienen zusammenarbeitet und – ohne durch jemanden gelenkt zu werden – eine funktionsfähige Einheit bildet, deren Leistungsfähigkeit die der einzelnen ihrer Mitglieder weit übersteigt.«*

Im Jahr 1951 entschlüsselte Martin Lindauer, ein Schüler von Frischs, den geheimnisvollen Tanz im Zusammenhang mit der Suche nach einer neuen Wohnung. Seeley schreibt: *»Die Arbeite-*

rinnen des Schwarms führen bei der Suche ihres neuen Standortes eine demokratische Entscheidung herbei – die im nächsten Winter Leben oder Tod bedeuten kann. Sie legen eine Reihe klarer Optionen vor, teilen ihre Entdeckungen in Form eines Tanzes mit, debattieren über die bestmögliche Option und entscheiden sich für den neuen Standort des Schwarms einstimmig. Nicht die Königin trifft die für das Überleben der Gemeinschaft entscheidende Wahl – sie ist das Ergebnis eines im Volk mit Debatten geführten, sich selbst organisierenden Prozesses.« Diese Wahl wird von der Mehrheit getragen und von der restlichen Gemeinschaft angenommen, sie wird zu einer Entscheidung aller.

»Der Geist des Bienenstocks, wo ist er?« fragte Maeterlinck. *»Worin verkörpert er sich?«* Zwar sorgt die Königin dafür, dass die Arbeiterinnen unfruchtbar bleiben, und sie beeinflusst einige ihrer Verhaltensweisen, aber sie übt keinerlei Kontrolle über die Aktivitäten der Gemeinschaft aus. *»Dort ist sie keine Königin«*, so Maeterlinck, *»in dem Sinne, wie wir Menschen es verstehen. Sie erteilt keine Befehle und ist wie die geringste ihrer Untertaninnen dieser verborgenen und weisen Macht unterworfen, die wir als Geist des Bienenstocks bezeichnen und deren Sitz wir immer noch nicht entdeckt haben.«*

Eine der erstaunlichsten Fähigkeiten der Honigbienen ist die Aufrechterhaltung einer konstanten Temperatur in ihrem Bienenstock – der optimalen Temperatur für die Entwicklung der Eier und Jungen, die bei etwa 35 °C liegt. Wenn im Sommer die Temperatur im Stock über 35 °C ansteigt, beginnen die Arbeiterinnen mit den Flügeln zu fächeln und die Sammlerinnen beschaffen Wasser, das durch seine Verdunstung eine abkühlende Wirkung hat. Fällt die Temperatur unter 35 °C, versammeln sich die Bienen an den Wabenzellen, in denen sich die Eier und Jungen befinden, und beginnen mit den Brustmuskeln zu zittern, ohne jedoch dabei die Flügel zu bewegen. So erzeugen sie Wärme, um den Stock zu heizen.

Die zukünftige Königin unternimmt einen einzigen Hochzeitsflug in ihrem Leben, und zwar eine Woche nach ihrer Geburt. Die in unterschiedlichen Völkern geborenen Drohnen, die männlichen Bienen, versammeln sich zu Hunderten oder Tausenden, um nach den jungen Königinnen Ausschau zu halten. Und sobald sie sie ausfindig gemacht haben, machen sie sich in Massen an ihre Verfolgung. Während ihres Hochzeitsflugs paart sich die Königin in der Luft mit ein bis zwei Dutzend Drohnen. Danach kehrt sie in ihren Stock zurück und beginnt mit der Eiablage. Die Arbeiterinnen, die die Königin im Lauf ihres Lebens zur Welt bringt, haben jeweils eine der 12 bis 24 Drohnen zum Vater, mit denen sich die Königin gepaart hat. Ein Bienenvolk besteht demnach aus durchschnittlich bis zu zwei Dutzend unterschiedlichen Gruppen von Halbschwestern, die von verschiedenen Vätern abstammen.

Vor 24 Jahren meinten Gene Robinson und Robert Page, dass die unterschiedlichen genetischen Ausstattungen der Arbeiterinnen ihre Zusammenarbeit effizienter mache als die genetisch identischer Tiere. Die Idee war die Folgende: Wenn Arbeiterinnen genetisch unterschiedlich sind, werden sie auf die gleiche Veränderung in der Umwelt nicht gleich reagieren. Ihre Reaktionsschwelle wäre verschieden, etwa bei der gemeinschaftlichen Temperaturregulation im Bienenstock.

Würden alle Arbeiterbienen auf eine Veränderung der Umgebungstemperatur gleich reagieren, dann würde jedes Ansteigen oder Absinken der Temperatur eine massive Korrektur seitens aller Arbeiterinnen auslösen. Eine solche Reaktion nach dem Motto »alles oder nichts« hätte eine starke Temperaturänderung zur Folge, die wieder zu erneuten massiven Korrekturen führen würde. Durch das permanente Auf und Ab würde die Temperatur nie im optimalen Bereich bleiben. Außerdem ginge diese schwierige Stabilisierung wegen des beträchtlichen Energieaufwands zulasten der Gemeinschaft. Hätten die Arbeiterinnen dagegen unterschiedliche Reaktionsschwellen, könnte eine allmähliche Anpassungsreaktion mit feinen Justierungen stattfinden, die schließlich eine ideale Temperatur zur Folge hätte. Dabei wäre auch der Energieaufwand für die Gemeinschaft minimal.

In den vergangenen zehn Jahren haben mehrere Studien belegt, dass die genetische Vielfalt eine wesentliche Rolle beim Funktionieren und Überleben eines Honigbienenvolks spielt. Anders ausgedrückt spielt bei der selbstständigen Organisation eines Bienenvolks die Tatsache eine wesentliche Rolle, dass sich eben die Bienen voneinander unterscheiden. Und genau in dieser Vielfalt liegt teilweise die Antwort auf das Geheimnis, das Maeterlinck als *Geist des Bienenstocks* und Thomas Seeley als *Weisheit des Bienenstocks* und *Bienendemokratie* bezeichnen.

Doch bei der Gattung *Apis* verläuft das Zusammenleben zwischen den Nachkommen der Königin nicht immer harmonisch und friedlich. Es hat auch eine dunkle Seite. An schönen Tagen spielen sich zweimal im Jahr in der Dunkelheit des Bienenstocks Szenen großer Brutalität ab – der tödliche Kampf zwischen den gerade geborenen Prinzessinnen und die Verdrängung der Drohnen aus dem Volk.

Bei *Apis* werden anfangs alle Larven mit Gelée royale ernährt. Dessen Hauptbestandteil, das von den Ammen produzierte Royalactin, wurde erst 2011 identifiziert. Die zukünftigen Arbeiterinnen werden nur drei Tage lang mit Gelée royale gefüttert. Danach erhalten sie Pollen und Honig. Nur die Königin wird ihr ganzes Leben lang mit Gelée royale ernährt. So ergeben sich also durch die Ernährung für zwei Schwestern zwei völlig unterschiedliche Arten, wie sich ihre Gene ausprägen, wie der Körperaufbau ausfällt oder wie sich verschiedene Anlagen und unterschiedliche Verhaltensweisen entwickeln.

Eine Königin kann fünf Jahre alt werden. Die Lebensdauer der kleinen Arbeiterbienen beträgt nur ein paar Wochen bis Monate. Doch in dieser Zeit durchläuft jede von ihnen mehrere Arbeitsbereiche – zuerst als Putzbiene, dann als Ammenbiene,

danach nimmt sie die Ernte der Sammlerinnen entgegen, wird Baubiene und schließlich Wächterin am Eingang. Im Alter von drei bis vier Wochen verlässt sie den Stock zum ersten Mal, um selbst als Sammlerin die weite Welt zu erkunden.

In dem großen Zusammenspiel des Bienenvolks durchläuft die kleine Arbeiterbiene sämtliche Aufgabenbereiche – unterschiedlich lang und intensiv, je nach Veranlagung, Lebenserfahrung und Verhalten gegenüber ihren Schwestern. Und je älter sie wird und je öfter sie die Arbeitsbereiche gewechselt hat, desto mehr verändern sich Körper und Gehirn der Arbeiterin. Diese Umwandlungen haben auch einen sozialen Ursprung – sie werden von der Gemeinschaft beeinflusst. Wenn etwa ein Bienenvolk viele Sammlerinnen verliert, werden aus den jungen Ammenbienen sofort Sammlerinnen. Und fehlt es der Kolonie an Ammen, dann verwandeln sich die älteren Sammlerinnen wieder in Ammenbienen zurück.

Die Sammlerinnen – von Frisch bezeichnete sie als *kleine Astronomen* – orientieren sich am Stand der Sonne. Weil dieser Bezugspunkt aber den ganzen Tag über seine Position ändert, müssen sie diesen Wechsel ständig berücksichtigen. Wie fast alle Lebewesen besitzen sie eine biologische innere Uhr, die auf rund 24 Stunden ausgerichtet und auf den Wechsel zwischen Hell und Dunkel, Tag und Nacht, abgestimmt ist. Diese innere Uhr ermöglicht den Arbeiterinnen nicht nur die Tageszeit, zu der sie eine Entdeckung gemacht haben, im Gedächtnis zu behalten, sondern auch die Zeitspanne, die seit dem Erlebten verstrichen ist. Daraus entsteht dann ihr Bericht.

Durch ihre mentalen Fähigkeiten können die kleinen Sammlerinnen Objekte nach ihren unveränderlichen Eigenschaften einordnen, etwa symmetrisch oder asymmetrisch, identisch oder unterschiedlich, oberhalb oder unterhalb. So lautete der Titel eines kürzlich veröffentlichten wissenschaftlichen Essays, das sich mit den mentalen Fähigkeiten von Bienen befasste: *Kleines Gehirn, großer Geist.*

»*Von all den kleinen Dingen schenke ich dir diese bemerkenswerten Wunderwerke*«, schrieb Vergil und meint damit die Bienen. Und diese bemerkenswerten Wunderwerke will uns das Buch *Die Wege des Honigs* in unnachahmlicher Weise näherbringen.

Die Fotografien von Éric Tourneret breiten ein farbenprächtiges Bild vor uns aus, bestehend aus den Honigbienen und Blütenpflanzen der Erde. Sie enthüllen uns aber auch ein überwältigendes, völlig anderes Bild, eins von menschlichen Kulturen, die seit undenklichen Zeiten mit den Bienen und dem Honig leben: Die Honigsammler des Volks der Mbendjélé aus dem Kongo, die 50 Meter hohe Acajoubäume hinaufklettern; die Gbaya aus Kamerun, die sich in Bäume hinaufschwingen, die mit rotbrauner und beigefarbener Rinde bewehrt sind; die Adivasi in Indien, die inmitten einer Wolke aus Riesenbienen die Felswände hinabsteigen.

Im Omo-Tal in Äthiopien hängen die Bienenzüchter des Volks der Bana ihre Beuten, hohle Baumstammabschnitte, während der Nacht, nur im Schein einer Fackel in hohe Akazienbäume. In Russland, am Rand des Uralgebirges, höhlen die Waldimker der Baschkiren die *Bortewoj*-Bäume aus, um Bienen anzulocken – und das in 15 Metern Höhe, damit keine Bären den Honig stehlen.

Die Nomaden-Imker fahren der Spur der Blütenpflanzen nach, um unabhängig von Raum und Jahreszeit zu sein – in Osteuropa und den USA per Lastwagen. Die Wanderimker in Argentinien folgen per Boot dem Lauf des Wassers von einer Insel zur anderen und platzieren dabei ihre Beuten auf Podesten. Wertvolle Honigsorten stammen aus Nepal, der Türkei, Brasilien, Australien und Neuseeland.

Und fast überall bedrohen die Abholzung der Wälder oder die intensive Landwirtschaft mit dem Einsatz von Pestiziden die Bienen und das mit ihnen überlieferte Wissen. Im chinesischen Sichuan sind die Bienen durch den Einsatz von Pestiziden bereits ausgestorben, sodass die Bauern jeden einzelnen Baum ihrer riesigen Birnbaumplantagen von Hand bestäuben müssen.

Éric Tourneret hat diese Männer und Frauen auf allen Kontinenten besucht. Viele von ihnen wurden Freunde. In *Die Wege des Honigs* finden sich die Berichte über diese Begegnungen mit zusätzlichen Informationen von Bienenexperten und Ethnologen.

Dieses Buch lässt uns die vielfältige Pracht einer Welt entdecken, die dabei ist, von der Erdoberfläche zu verschwinden. Es ist aber auch ein Aufruf. Ein Aufruf, die Regenerationsfähigkeiten der Natur zu bewahren und die Vielfalt der kulturellen Praktiken der Völker zu respektieren. Ein Aufruf, eine gerechtere Welt aufzubauen, in der jeder Mensch an den Wundern und Reichtümern dieser Erde teilhaben kann.

Jean Claude Ameisen

Die Rainfarn-Phazelie ist eine der besten Pflanzen für Bienenweiden und dient auch als Gründünger. So ist sie sowohl für die Bienen als auch für den Garten nützlich.

Sammlerinnen auf den Blüten eines Teebaums (*Melaleuca alternifolia*) in Australien.

BIENEN UN

CHINA

USA

BIENEN UND BLÜTEN

VERGIFTETE BESTÄUBER

CHINA
QINGHAI
GANSU
SHAANXI
SICHUAN
CHENGDU
XIZANG (TIBET)
HANYUAN
CHONGQING
GUIZHOU
YUNNAN

Die nebelverhangenen Berge von Hanyuan sind von weiß blühenden Birnbäumen übersät. Man könnte meinen, man befinde sich im alten China mit seinen schwarzen und roten Ziegeldächern und seinen grandiosen Landschaften, würden nicht die Reisfelder fehlen, die Obstplantagen weichen mussten. Denn dieses Gebiet im Südwesten Sichuans gehört zu den wichtigsten Birnenproduzenten des Landes und ist in dieser Hinsicht weltweit die Nummer eins.

Alles begann in den frühen 1980er-Jahren, als im Zuge einer Agrarreform den Bauern wieder die Verwaltung ihrer Ländereien zurückgegeben wurde. Die Mittelschicht konsumiert weniger Getreide und mehr Obst, und Birnen werden vier- bis fünfmal teurer verkauft als Reis. So hat man in Hanyuan die Reisfelder in Birnbaumplantagen umgewandelt, mit einer Besonderheit: Sämtliche Bäume bestäubt man von Hand und das ist mühsamste Kleinarbeit!

Der Anbau der Birnen im großen Stil hatte zu einer rasanten Zunahme von Schädlingen wie Blattläusen und roten Spinnen geführt. Die Bauern haben darauf mit dem massiven Einsatz von Pestiziden reagiert. Sie kannten sich jedoch weder mit den Produkten noch mit ihrer Anwendung aus, sodass als Folge sämtliche bestäubenden Insekten verschwanden. Die Bienenzüchter, die um ihre Völker fürchteten, fliehen aus dem Tal und bringen ihre Beuten in den Bergen in Sicherheit, sobald sich auf den Bäumen die ersten Blüten zeigen. Ohne Bestäubung blühen die Birnbäume zwar, bringen jedoch so gut wie keine Früchte hervor. Die Agraringenieure der Regierung haben daraufhin beschlossen, die Insekten durch Menschen zu ersetzen, sodass in einigen Jahren die manuelle Bestäubung in ganz Sichuan an der Tagesordnung sein wird.

»Als wir in Hanyuan ankamen, ging alles sehr schnell. Geht man von einer Blütezeit von einer Woche aus, dann bleiben mir für meine Arbeit zwei bis drei Tage, sobald die Blüten der Birnbäume geöffnet sind und bevor die Blätter sprießen, sodass die Landschaft grün wird. Zusammen mit Jiehao, einem jungen chinesischen Fotografen, der mir assistierte, machte ich mich – sobald es die Lichtverhältnisse erlaubten – zu den geeigneten Plätzen auf. Dort ging es dann die Hügel hinauf und hinab, von einer Birnbaumplantage zur nächsten, mit der Fototasche auf dem Rücken, immer auf der Suche nach dem richtigen Blickwinkel, den passenden Personen ... Ich bemerkte, dass es sehr viele Familien gab, in denen Männer und Frauen gemeinsam bestäubten. Oft wurden sie dabei von Tagelöhnern aus den Bergen unterstützt, ärmlich gekleideten Menschen mit zerfurchten Gesichtern. Zu Mittag aßen wir Krapfen, die wir in den kleinen Lebensmittelläden gekauft hatten, und machten uns dann wieder auf, um weiter nach Motiven zu suchen, solange die Lichtverhältnisse es zuließen. Wir teilten unseren Wettlauf gegen die Zeit mit den Bauern, die bis zu 100 Bäume in einigen Tagen zu bestäuben hatten, und dennoch immer freundlich lächelten. Sie waren zwar überrascht, mich an diesen Orten zu sehen, hatten aber nichts dagegen, von mir fotografiert zu werden, auch wenn die Menge der Fotos sie bisweilen zu irritieren schien!«

In den Plantagen von Sichuan werden die Bienen durch Menschen ersetzt – die absurde Folge des intensiven Birnenanbaus. Er hat zu einer übermäßigen Vermehrung von Schädlingen geführt, die von den chinesischen Bauern mit Pestiziden bekämpft werden. Da die Bienenzüchter um ihre Völker fürchten, verlassen sie die Täler zu Beginn der Blütezeit. So müssen die Blüten von Hand bestäubt werden.

Jedes Jahr kommen die Städter in Scharen, um die Pracht der blühenden Birnbäume zu bestaunen.

Diese Bestäuberin nutzt ein Federbüschel, das an einem Bambusstab befestigt ist. Alle 30 bis 40 Blüten taucht sie das Federbüschel in den Pollenbehälter ein, den sie um den Hals trägt.

Sämtliche Birnbäume in der Region Hanyuan werden von Hand bestäubt. Die Landwirte brauchten mehrere Jahre, um die Technik in den Griff zu bekommen, mit der seit Anfang der 1980er-Jahre experimentiert wurde: Mit welcher Sorte bestäubt man welche andere? Wie gewinnt man den Pollen und wie bereitet man ihn auf? Zu welchem Zeitpunkt genau soll man bestäuben?

Jeder Produzent verkauft pro Jahr rund fünf Tonnen Birnen, das macht die Hälfte seiner Einkünfte aus. In der Plantage der Familie Cheng Su ist seit einigen Tagen Hektik ausgebrochen. Aus den Blüten des früh blühenden Birnbaums im Hausgarten wird der Pollen gewonnen. Nachdem der Blütenstaub in einem Karton mit Glühlampe darüber bei konstanter Temperatur getrocknet wurde, wird er sofort auf die Stempel der Blüten auf den Plantagenbäumen aufgebracht. Das Ehepaar bestäubt eine Blüte nach der anderen. Die Frau übernimmt die unteren Äste, und der Mann steigt in die Bäume, um die Blüten der oberen Äste zu erreichen. Die Bestäubung gelingt nur, wenn die Blüten voll erblüht sind, das heißt, bei gutem Wetter in einem Zeitraum von zwei bis drei Tagen.

Seit zehn Jahren fällt der Preis für Birnen, während die Kosten für Arbeitskräfte steigen. Das aktuelle Produktionsmodell verliert an Bedeutung, weil die chinesische Bevölkerung immer mehr nach gesunden Produkten verlangt – zu höheren Preisen. Die Regierung versucht nun den Einsatz von Pestiziden zu beschränken und die Bauern brauchen Alternativen. In Hanyuan ist man dabei, eine neue Politik zum Umgang mit Pestiziden zu entwickeln, allerdings, ohne ihre Anwendung zu hinterfragen.

Die Bitte einiger Bauern, zur Bestäubung Bienenvölker für ihre Pflanzungen auszuleihen, lehnen die Imker im Moment ab. Abgesehen vom Risiko, dass die Völker dabei sterben, enthält die Birnenblüte auch keinen Nektar, sondern nur Pollen. Die Bienen müssten dann künstlich mit Zucker ernährt werden, sodass die für die Bestäubung angebotene Bezahlung nicht ausreichend wäre. Eine Rückkehr zur natürlichen Bestäubung? Diese Alternative würde eine Revolution in der Denkweise erforderlich machen.

Die als Pollenlieferanten dienenden Birnbäume werden wegen ihrer frühen Blüte (mehrere Tage vor den anderen Bäumen) und ihrer überreichen Blüten- und Pollenmenge ausgewählt. Sie stehen in den Gärten der Bauernhäuser, damit der Zeitpunkt ihrer Blüte überwacht werden kann.

Der Pollen eines einzigen Bestäuberbaums reicht für 30 bis 50 andere Bäume. 80 Prozent der Blüten werden dafür gepflückt, wenn die Empfänger voll erblüht sind, ihre Blütenblätter jedoch noch nicht abgeworfen haben – genau in dem Moment, in dem die Staubbeutel braun werden. Das ist das Zeichen, dass die Narben aufnahmefähig sind.

Eine Person kann am Tag 20 bis 40 Bäume bestäuben. Diese Arbeit wird sehr oft im Familienverband ausgeführt. Bei sehr sonnigem Wetter muss wegen der sehr kurzen Blütezeit die Hilfe von Tagelöhnern aus den Bergen angefordert werden. Sie bestäuben ihre eigenen Plantagen erst etwas später. Wegen ihrer präzisen Arbeitsweise werden Frauen bevorzugt.

Die Bienen lagern Pollen und Honig in den Wabenzellen ein.

ZU VIELE BIENEN?

Die größte Bienenkonzentration weltweit kann man im kalifornischen Central Valley in den USA finden. Im Februar verlassen 60 Prozent der amerikanischen Bienenvölker ihre Heimatstandorte, um in den Mandelplantagen eingesetzt zu werden. Eineinhalb Millionen Beuten sind dort zur Bestäubung versammelt, und dieser Einsatz bedeutet für viele Imker die Hälfte ihres Einkommens.

Im Gegensatz zu anderen Obst- und Gemüsesorten sind Mandelbäume hundertprozentig von der Bestäubung durch Pollen sammelnde Insekten abhängig. Ohne Bienen würden die Bäume keine einzige Frucht hervorbringen. Wenn man sich vor Augen hält, dass Kalifornien 80 Prozent aller Mandeln weltweit produziert – ein Markt von über vier Milliarden Dollar – dann versteht man, dass die Bienen unter so großem Aufwand dorthin transportiert werden. In einer Woche machen sich über 4000 mit Beuten beladene Lastwagen aus allen Teilen der USA auf den Weg in das Tal.

»Man kann sich nicht vorstellen, mit welchem Aufwand dieser Transport verbunden ist. Die Organisation ist eine riesige Herausforderung, und die größten Imker brauchen dafür zwei oder drei Mitarbeiterteams. Außerdem ist es ein Wettlauf gegen die Zeit! Ein Team inspiziert die Beuten bei der Abfahrt, füttert und tränkt die Bienen für die Reise, ein anderes Team empfängt sie am Zielort. Der Fahrer, ein Profi für Tiertransporte, steht im Zentrum des Geschehens. Er trägt die Verantwortung für die 150 000,– Dollar teure Fracht (80 000,– für die 400 Beuten und 70 000,– für die Bestäubungskosten). Bei seiner Fahrtroute orientiert er sich an den Wetterverhältnissen, um große Hitze und Kälte zu umfahren. Er kontrolliert regelmäßig die Beuten, kühlt sie mit Wasser, wenn es zu warm wird, und all das auf einer Strecke von 1000 bis 1500 Kilometern. Rich, den ich von Florida nach Kalifornien begleitet habe, fuhr drei Tage lang am Stück, am ersten Tag 15 Stunden. Manchmal passieren auch Unfälle: In einem Jahr prallte ein Pick-up gegen einen Tieflader und 150 Beuten lagen im Umkreis von einigen Hundert Metern auf der Autobahn verstreut. Die Feuerwehr musste mit einem Wasserwerfer den Rettungssanitätern den Weg bahnen … Auf diesen unglaublichen Fahrten kann einfach alles passieren!«

Bienen aus Florida legen so 10 000 Kilometer pro Jahr zurück, um die Mandelbäume zu bestäuben. Wenn sie nach dieser anstrengenden Reise in Kalifornien ankommen, während sie eigentlich schon in der Winterruhe sein sollten, blüht oft erst ein geringer Teil der Mandelbäume. Und selbst wenn sie in voller Blüte stehen, sind es doch Monokulturen, die die Nahrungsbedürfnisse der Bienen nicht befriedigen und sie noch anderen Gefahren aussetzen. Die einmalige Dichte an Bienenvölkern erleichtert die Übertragung von Krankheiten durch Viren und Parasiten – und das auf einem Terrain, das ohnehin schon durch die landwirtschaftliche Praxis kontaminiert ist. Bei 75 Stichproben, die 2012 in drei Gebieten des Central Valley durchgeführt wurden, war das Wasser in 89 Prozent aller Fälle verseucht.

Brad Campbell ist mit 1300 Bienenvölkern angereist, die den Winter in Ohio in Lagerhallen für Kartoffeln verbracht haben. Mit seinen insgesamt 4000 Beuten gehört er zu den bedeutendsten Imkern der USA. Drei Lastwagen reihen sich schräg nebeneinander auf und die mit Löchern versehenen Planen werden abgenommen. Die Bienen begeben sich sofort auf ihren Flug. Die Ladeflächen sind mit winzigen Kadavern übersät – der Konvoi war nördlich von Sacramento in ein Schneetreiben geraten.

In der Imkerei von Dave Hackenberg in Florida warten 450 Beuten auf ihre Abfahrt nach Kalifornien. Die 2500 Beuten von Dave – mit Wasser, Zucker und Pollen versorgt – starten in mehreren Konvois.

Ein Team des Landwirtschaftsministeriums von Pennsylvania führt Stichproben bei Bienen und Larven durch und versieht die Test-Bienenstöcke mit Messinstrumenten, um Schwankungen in Temperatur und Feuchtigkeit festzustellen.

Mit Hubwagen werden die Beuten auf Paletten am Boden abgestellt und nacheinander inspiziert, denn der zwischen den Mandelanbauern und Imkern geschlossene Vertrag sieht vor, dass pro Volk mindestens acht Waben gut mit Bienen besetzt sein müssen. Am Ende des Tages entspannt sich Brad. Trotz des Schneetreibens sind seine Bienen gesund und besetzen zehn Waben. Er hat nur zehn Prozent Verlust. Lieferwagen mit je 20 Paletten stellen am nächsten Tag die Beuten im Abstand von 150 Metern zwischen den Bäumen auf. In wenigen Tagen sind 270 000 Hektar Mandelbaumplantage mit Bienen versorgt!

Brad ist sich bewusst, dass er seine Bienen Risiken aussetzt, wenn er sie hierher transportiert. Die Bestäubungsarbeit wird jedoch gut bezahlt – rund 180 Dollar pro Beute –, während der Preis des amerikanischen Honigs unter den illegalen Honigimporten aus China leidet. Hauptverantwortlich für das bekannte Bienensterben (engl. *Colony collapse disorder*), das seit 2004 die Bienenvölker in amerikanischen Imkereien dezimiert, sind für ihn die Pestizide aus der Familie der Neonicotinoide[1].

»Und dennoch«, sagt Brad, »geben dir die Bienen, wenn du gut auf sie achtgibst, das Hundertfache von dem zurück, was du ihnen geben kannst!« Seine Bienen leben die meiste Zeit in Nord-Dakota, einem der Bundesstaaten der USA, die den meisten Honig liefern.

1) Neonicotinoide gehören zu einer Klasse von Insektiziden, die das zentrale Nervensystem der Insekten beeinflussen. Sie sind die am meisten verwendeten Pestizide weltweit. Seit mehreren Jahren stehen sie unter dem Verdacht, für den Rückgang der Bienenvölker verantwortlich zu sein. Sie wirken sich ebenfalls auf Schmetterlinge, Regenwürmer, Vögel und Fische aus (Environmental Science and Pollution Research – August 2014) und bedrohen so die Biodiversität.

Die Bienenbeuten werden unter dem Februarhimmel auf Paletten abgeladen. Über 1,5 Millionen Bienenvölker wurden für die Bestäubung der Mandelbäume ins kalifornische Central Valley transportiert. Diese Arbeit bringt den amerikanischen Imkern die Hälfte ihrer gesamten Einkünfte ein.

Dieser Lkw befindet sich auf dem Weg von Arizona in Richtung Norden. Er fährt auf der Interstate 40, um seine Fracht vor großer Hitze zu schützen, denn die Bienen haben Probleme, die Temperatur in der Beute durch Belüftung zu regulieren. Bei diesem Wettlauf gegen die Zeit legt der Lkw 1500 Kilometer am Tag zurück.

Die Beuten werden vor den Reihen aus Mandelbäumen aufgestellt. Noch ist es kalt und kaum zwei Prozent der Bäume sind erblüht, sodass die Bienen mit Pflanzenproteinen und Zucker ernährt werden müssen. Dennoch ist ihre Anwesenheit unbedingt erforderlich. Mandelbäume tragen nur Früchte, wenn ihre Blüten von Insekten bestäubt werden, und zu dieser Jahreszeit gibt es keine frei lebenden Bestäubungsinsekten.

Einem strengen Raster folgend werden 270 000 Hektar Land nach und nach mit Beuten besetzt. Eine derartige Populationsdichte an Bienen begünstigt die Übertragung von Krankheiten, denn die Völker sind oft von der Reise geschwächt und es fehlt ihnen an abwechslungsreicher Nahrung.

Endlich frei: Millionen von Bienen fliegen aus den Beuten in alle Richtungen auf einen Reinigungsflug aus. Mit etwas Rauch werden die von der Fahrt gestressten Wächterbienen beruhigt, bevor der Lastwagen entladen wird.

DER EXPERTE

Olivier De Schutter
BELGIEN

WIR KÖNNTEN DOPPELT SO VIELE MENSCHEN ERNÄHREN

»Entgegen der weitverbreiteten Meinung könnten wir heute doppelt so viele Menschen ernähren, wenn wir nur die Ressourcen auf unserer Erde anders nutzen würden. Wir produzieren den Gegenwert von 4600 Kilokalorien pro Person und Tag, während rund eine Milliarde Menschen von Unterernährung und weitere zwei Milliarden von Mangelernährung betroffen sind. Das Problem liegt in den Produktionsmethoden, die bei der Wahl der Investitionen auf Konzentration und eine auf Export ausgerichtete Landwirtschaft setzen. Diese Orientierung sorgt dafür, dass eine Liberalisierung der Agrarprodukte weiterhin als Lösung präsentiert wird.

Es ist daher unverzichtbar, dass wir von einer globalen Lebensmittelindustrie weg und hin zu einer »Landwirtschaft zum Anfassen« kommen, eine Agrarökologie entwickeln und lokale Initiativen unterstützen, damit sich die Bürger wieder um das Nahrungsmittelsystem kümmern, statt daran gehindert zu werden.

Ein veraltetes und schädliches Nahrungsmittelmodell

Vier Getreideunternehmen halten quasi das Monopol auf dem internationen Markt, eine Stellung, die ihnen die Beeinflussung des politischen Systems einräumt. Die Agrarsubventionen in den reichen Ländern fördern daher die Lebensmittelindustrie. Doch die Schäden, die dabei entstehen, sind beträchtlich:

- Der Rückgang der landwirtschaftlichen Biodiversität und die beschleunigte Bodenerosion sind eine Folge der Monokulturen.
- Die Lebensmittelindustrie beeinträchtigt die Gesundheitssysteme sehr stark durch landwirtschaftliche Verschmutzung und die unausgewogene Ernährung, die sie fördert.
- Die Fischbestände sind gefährdet wegen der Verknappung des Sauerstoffs in den Meeren, die auf den exzessiven Einsatz chemischer Düngemittel zurückzuführen ist, die den Phosphor- und Stickstoffgehalt der Gewässer um ein Vielfaches ansteigen lassen.
- Über ein Drittel des Getreides weltweit wird als Tierfutter verwendet. Hält der Trend an, dann wird sich der Anteil im Jahr 2050 auf 50 Prozent erhöht haben. Berücksichtigt man außerdem Weide- und Futtergetreide-Anbauflächen, dann beansprucht die Tierproduktion 70 Prozent der Agrarflächen und 30 Prozent des Festlands. Sie ist eine der Hauptursachen für die Abholzung der Wälder.

Was den Verbrauch landwirtschaftlicher Ressourcen anbelangt, so ist es unumgänglich, die Nachfrage nach Biobrennstoffen in den reichen Ländern zu begrenzen, die für den Höhenflug der Getreidepreise verantwortlich sind. Außerdem ist es dringend nötig, gegen die Vergeudung von Nahrungsmitteln einzuschreiten. Aus einer im Jahr 2011 durchgeführten Studie geht hervor, dass 1,3 Milliarden Tonnen Agrarprodukte, die für den menschlichen Konsum bestimmt sind – ein Drittel der gesamten Nahrungsmittelproduktion – auf diese Weise verloren gehen.

Von global zu lokal

Wenn sich die aktuelle Landflucht so weiterentwickelt, dann werden im Jahr 2050, wenn die Weltbevölkerung auf 9,3 Milliarden Menschen angestiegen sein wird, über zwei Drittel aller Menschen in den Städten leben. Auf lokaler Ebene liegt die Lösung darin, lokale Lebensmittelsysteme wieder aufzubauen und kurze Nahrungsmittelketten zu entwickeln, indem man die Städte mit den umliegenden ländlichen Gebieten verbindet.

Auf nationaler Ebene liegt die Lösung – abgesehen von Hilfen für lokale Innovationen – in der Unterstützung kleiner Landwirte, in Investitionen in die regionale Nahrungsmittelproduktion und in der Schaffung einer sozialen Absicherung, die den bedürftigen Mitbürgern einen Zugang zu gesunden Lebensmitteln ermöglicht.

Auf internationaler Ebene muss die Politik, die sich auf das Recht auf Ernährung bezieht (Handel, Lebensmittelhilfen, Erlass der Auslandsschulden und Zusammenarbeit bei der Entwicklung), überdacht werden, um auf die Forderung nach sicheren und gesunden Nahrungsmitteln einzugehen.

Familienbezogene Agrarökologie

Unsere Produktionsmethoden müssen neu überdacht werden. Die Agrarökologie bietet eine dauerhafte Lösung mit Vorteilen für Umwelt, Gesellschaft und Gesundheit. Vielseitige Agrarsysteme fördern eine bessere Ausgewogenheit der Nahrungsmittel in den Gemeinden, die ihre eigenen Lebensmittel produzieren. Da die Agrarökologie den Einsatz kostspieliger Betriebsmittel begrenzt, verbessert sie gleichzeitig die Lebenshaltungskosten der landwirtschaftlichen Haushalte. Weil dafür mehr Arbeitskräfte und eine gründliche Berufsausbildung erforderlich sind, begünstigt sie die Entwicklung des ländlichen Raums, indem sie hier neue Arbeitsplätze schafft.

Schließlich ist es notwendig, den Kreislauf des landwirtschaftlichen Saatguts am Leben zu erhalten, der durch die Bevorzugung von Sorten in Gefahr ist, die einen hohen Ertrag versprechen, viel kosten und oft schlecht an die Ökosysteme angepasst sind.

Um diese Veränderungen in Gang zu setzen, ist es dringend nötig, die Demokratisierung der Nahrungsmittelsysteme voranzutreiben. Der Übergang in ein besseres System, und davon bin ich überzeugt, wird durch Initiativen aus dem Volk kommen und nicht durch von oben auferlegte Reglementierungen.«

Olivier De Schutter, belgischer Jurist mit dem Spezialgebiet Menschenrechte, ist Professor an der Katholischen Universität in Löwen und am College of Europe (Polen).

Von 2008 bis 2014 war er Spezialberichterstatter für das Recht auf Nahrung des Menschenrechtsrates der Vereinten Nationen. Nach sechs Jahre lang dauernden Recherchen in 13 Ländern hat er diesem seinen Abschlussbericht *Le droit à l'alimentation, facteur de changement* vorgelegt, in dem er eine agrarökologische Alternative vorstellt.

Heute ist Olivier De Schutter Vizepräsident von IPES-Food, einer internationalen Expertengruppe, die sich für nachhaltige Ernährungssysteme einsetzt.

JÄGER UND SAMMLER

KONGO

INDIEN

KAMERUN

INDONESIEN

JÄGER UND SAMMLER

DAS GOLD DER MBENDJÉLÉ

Ein Wald. 200 Millionen Hektar auf sieben Länder verteilt, mit einer Vegetation, die je nach Bodenbeschaffenheit und Wassersystem anders ist und die vor 300 Millionen Jahren entstand. Die Ureinwohner – fälschlich als Pygmäen zusammengefasst – der Waldgebiete Zentralafrikas haben sich wahrscheinlich während einer Trockenzeit vor 20 000 Jahren in unterschiedliche Stämme und Sprachen aufgeteilt – in Aka, BaYaka, Bongo, Cwa ... Vor 2800 Jahren besetzten dann die Bantu nach und nach das gesamte Kongobecken und rodeten den Wald mit primitiven Werkzeugen aus Eisen.

Massaleys Lächeln war der Grund, dass sich Éric für unser aus fünf Hütten bestehendes Lager entschied: Es befand sich in der Nähe einer Piste, über die man den Ort Pokola in der Provinz Likouala im Kongo erreichen kann.

»Ich fühlte mich wie im Paradies! Natürlich der Wald ringsum, aber vor allem die Menschen ... die sich hier zur kurzen Regenzeit in befreundeten Familien einfinden. Es herrscht eine fröhliche und warmherzige Atmosphäre. Massaley spielt jeden Abend mit seinen Kindern oder passt auf das Baby auf, während sich seine Frau um das Essen kümmert. Es entstanden schnell freundschaftliche Bande, sodass sich ein Gleichgewicht einstellen konnte zwischen der »reichen Welt«, die wir für sie darstellen mussten – wir kamen für die Lebensmittel und die Entlohnung der Jäger auf – und einem Klima von gegenseitigem Austausch und Teilen. Alkohol war immer mit dabei, aber nicht so sehr wie im Dorf. Sobald einer auch nur drei Sous hatte, machte er sich auf, welchen zu besorgen. Ich erinnere mich an ein Fest, bei dem Tozen, einer der Jäger, einen über den Durst getrunken hatte und damit unsere Expedition am nächsten Tag gefährdete. Als wir wieder im Lager waren, ergriff ich dann das Wort, indem ich den Dolmetscher bat, Folgendes zu übersetzen: »Tozen, du weißt, dass wir dich alle mögen, aber wenn du zu viel trinkst, bist du unerträglich. Du grölst herum wie ein Gorilla und nervst alle! Das ganze Lager lachte schallend, und das hat unsere Verbundenheit noch zementiert.«

Massaley gehört zum Stamm Mbendjélé in der Gruppe der BaYaka. Er ist schätzungsweise 25 Jahre alt. Zusammen mit anderen Familien ist er mit seiner Frau und den beiden Kindern ins Lager Massilia gekommen, um hier die zwei Monate dauernde »Honigsaison« zu verbringen.

Sie alle arbeiten, um ihre Schulden an den »Bantu-Meister« zurückzahlen zu können, dessen Hütte nur einen Steinwurf entfernt steht. Die Frauen pflücken Koko-Blätter, fertigen Körbe und Matten und fangen Fische. Die Männer gehen auf die Jagd, sammeln Honig und den wilden Pfeffer, der an Lianen gedeiht.

An diesem Abend geht es auf der Waldlichtung hektisch zu: Das Nachbarlager ist gekommen, um die Ankunft von Éric und Auréle, dem Kletterer, zu feiern. Das Insektenorchester des Waldes wird schon bald vom Gesang der Frauen begleitet, die sich an Komba, den Gott des Überflusses, wenden. Der Rhythmus wird immer schneller und Männer trommeln dabei auf Kanistern.

Die Jäger vollbringen jeden Tag Heldentaten, um an den Honig zu gelangen. Auf dem Baumstamm balancierend und von wütenden Bienen umgeben taucht der Jäger seine Hand in das Bienennest, um an die Waben zu kommen. Der für sie so wichtige Honig lässt die Mbendjélé ihre Angst besiegen.

Dieser Mahagonibaum ist über 50 Meter hoch. Die Jäger klettern ohne Hilfsmittel hinauf und nutzen höchstens die Lianen, die sich um die Stämme der Bäume schlingen.

Cannabis-Zigaretten und Alkohol, der von den Bantu destilliert und verkauft wird, machen die Runde, während die den *Bolobés*-Waldgeistern geweihten Jugendlichen als Dämonen verkleidet die Lichtung betreten und die Kinder erschrecken.

Am nächsten Morgen verlässt eine Gruppe Honigsammler, bestehend aus Massaley, seinem Bruder Fabien, Yongayo, Tozen und Michel, das Lager. Yongayo hat einige Kilometer entfernt das Summen von »Fächelbienen« ausgemacht. Die Einheimischen ziehen ihre Sandalen aus, bevor sie auf einem Trampelpfad in den Wald vordringen. Die dichte Vegetation und die feuchte Hitze sind eine Tortur für Fotograf und Kletterer, die kaum vorankommen, weil ihnen das Wasser bis zum Oberschenkel reicht.

Am Fuß des Baumes werden das Unterholz mit einer Machete ausgelichtet und ein Feuer entzündet. Ein Jäger formt aus dem Stängel einer Pfeilwurz einen Korb, ein anderer stellt ein Seil aus Lianen her und ein Dritter macht aus Pflanzen einen Gurt für den Kletterer. Der riesige Mahagonibaum misst über vier Meter im Durchmesser. Massaley macht sich mit dem Beil auf der Schulter an den Aufstieg. Schon bald hat der Sammler den ersten Ast 40 Meter über dem Boden erreicht und bewegt sich darauf wie ein Seiltänzer. Er geht aber noch höher hinauf, um an das Bienennest zu gelangen, gefolgt von Michel, der das Räucherwerk nachträgt.

Mit dem Beil vergrößert Massaley das Flugloch, damit er die Honigwaben herausholen kann. Die Männer wechseln sich bei der Arbeit ab, ohne sich um die Stiche der Bienen zu kümmern, und knacken nebenbei eine schmackhafte Wabe. Der mit einigen Kilo Honig gefüllte Korb wird nach unten gebracht, und die Gruppe macht sich auf zum nächsten Bienennest.

Der Tag neigt sich dem Ende. Todmüde von der Hitze, dem Fußmarsch, der Kletterei und ständig von gefräßigen Mücken angegriffen gehen Éric und Aurèle zwischen den Sammlern. Deren Stimmung ist ungetrübt. Sie bringen Honig nach Hause, für sie ein wertvoller Verbündeter in der Kunst der Verführung, der den Frauen ein Lächeln auf die Lippen zaubert. An den Lagerfeuern in Massilia schmoren in gusseisernen Kesseln wilde Yamswurzeln und eine halbe Antilope, die in der Nacht zuvor gefangen worden war. Ein guter Tag – alle danken Gott Komba dafür.

In vollkommener Balance auf einem Ast in 50 Metern Höhe vergrößert der Jäger mit seinem Beil – dem *Djombi* – die Öffnung, hinter der sich das Bienenvolk befindet. Sein einziger Schutz gegen die Wächterbienen ist das Räucherwerk, ein mit Blättern umwickeltes Reisigbündel.

Nach dem Sammeln steht Michel und Massaley die Freude über den Honig ins Gesicht geschrieben. Das einzige süße Nahrungsmittel des Waldes spielt in der Beziehung zwischen Männern und Frauen eine wichtige Rolle. Honig wird bei jedem Heiratsantrag angeboten und den Frauen als Geschenk überreicht. Er ist auch Teil des Mythos über die Entstehung der Mbendjélé. Des Honigs wegen haben sich die beiden Geschlechter getroffen und die Liebe entdeckt.

Ein, zwei, drei Bäume werden pro Tag aufgesucht. Wenn sich die Sammler auch einen Teil der Beute während der Arbeit gönnen, so bringen sie doch immer genug Honig ins Lager zurück. Teilen ist das Herzstück der Kultur. Den Männern vorbehalten bleiben die eiweißhaltigen Brutwaben der Bienen.

Die Mbendjélé sind als geschickte Honigsammler bekannt. Es gibt für sie zwei Erntezeiten: die kleine Honigsaison von März bis April, wenn der Nektar noch nicht so reichlich vorhanden ist, und die große, *Nbosso* genannt, von August bis September. Zu dieser Zeit findet im Regenwald, der immer wieder von Sumpfgebieten durchzogen ist, eine wahre Blütenexplosion statt. Den Bienen steht Nahrung in Hülle und Fülle zur Verfügung und sie vermehren sich stark. In dieser Zeit ist das Lager verlassen. Die Männer suchen nach Bienennestern und klettern auf die Bäume, die Frauen nehmen unten die Waben in Empfang.

Der Honigkorb – *Pendi* genannt – mit der gesamten Ernte. Er wird an einem Lianenstrick herabgelassen. Die Sammler präsentieren die Ernte auf einem Pfeilwurzblatt

Die Waldlager werden von mehreren befreundeten Familien bevölkert. Anders als die Bantu leben sie monogam. Der Schmuck der Mbjendélé besteht aus Bemalung, Tätowierungen, bunten Halsketten und spitz gefeilten Zähnen.

Das Leben der Jäger und Sammler wird von Ritualen bestimmt. Mit zwölf Jahren werden die Jungen den *Bolobés*-Waldgeistern geweiht – Bestandteil der großen Schule des Waldes.

Bei den nächtlichen Festen, bei denen die Frauen mit vielstimmigen Gesängen ihren Schöpfer Komba preisen, kommen die Bolobés-Waldgeister aus dem Wald heraus. Keiner darf sie anfassen.

DER EXPERTE

Dr. Jerome Lewis
GROSSBRITANNIEN

HONIGMOND

»Bei den Mbjendélé[1] nimmt der Honig eine zentrale Stellung ein, wenn es um den Ursprung der Menschheit und unserer heutigen Gesellschaft geht.

Am Anfang schuf Komba Männer und Frauen, die er an zwei weit auseinander liegenden Orten im Wald aussetzte. Beide Geschlechter wussten nichts von der Existenz des anderen. Die Männer hatten Geschlechtsverkehr mit Kalebassen, *Mapombé*, während die Frauen mit Ejengi, einem Waldgeist, tanzten. Und wenn er sich dabei drehte, fielen die kleinen Kinder von seinen Blättern.

Eines Tages machte sich Toli, der alte Vater der Menschheit, auf den Weg, um Elefanten zu jagen. Er marschierte lange Zeit, bis er an Orte im Wald kam, die er nie zuvor betreten hatte. Als er an einem Bach vorbeikam, folgte er dem Lauf des Wassers und erblickte durch das Gebüsch einige schöne Frauen, die tanzten und sangen. Der alte Vater ging schleunigst zu ihnen und konnte wegen ihrer Schönheit seine Erregung nicht verbergen, was die Frauen zum Lachen brachte. Sie gaben ihrer Verwunderung Ausdruck, gingen dann zu ihm und begriffen, was Liebe ist.

In der Dämmerung machte sich der alte Vater völlig verzückt auf den Heimweg, um seine Neuigkeiten mit den anderen Männern zu teilen. Er befahl, dass jeder einen mit Honig gefüllten *Bomba*, einen Blätterkorb, mitnahm, worauf sich alle auf den Weg machten. Als sie den Gesang der Frauen hörten, führten sie die *Bofienga* aus, eine Technik der Schweinejagd. Dabei kreisen die Jäger eine Rotte Schweine ein, bevor einer von ihnen mit seinem Speer nach vorn stürmt, um ein Schwein zu töten, während der Rest der verängstigten Tiere mitten unter die anderen Jäger rennt und erschlagen wird.

So machte es auch Toli, der mit seinem *Bomba* in der Hand mitten in die Frauen hineinrannte, bis hin zu der, in die er sich verliebt hatte. Er versetzte ihr einen Schlag auf den Kopf, was dazu führte, dass alle anderen Frauen verschreckt die Flucht ergriffen und in die übrigen Männer hineinliefen. Diese wiederum schlugen die Frauen mit den mit Honig gefüllten *Bombas* auf die Köpfe. Diese schrien auf und liefen davon, bis ihnen auf ihrer Flucht der Honig über die Lippen lief. Noch niemals hatten sie etwas so Köstliches gegessen! Daraufhin verlangsamten sie ihre Schritte und ließen sich von den Männern wieder einfangen. Es bildeten sich Paare, die sich liebten und darüber ganz entzückt waren. Seit diesem Tag tanzen die Männer als Ejengi, dem seither wichtigsten Ritual der Mbendjélé. Sie warfen ihre *Mapombé* weg, denn seit dieser Zeit sind sie es, die den Kinderwunsch der Frauen erfüllen.

Die Walduniversität

Die Männer der Mbendjélé sammeln rund zwanzig verschiedene Honigsorten. Sie sind die wahren Experten im Honigsammeln, aber ich werde ihre Geheimnisse hier nicht verraten. ›Wir teilen die Kunst des Honigsammelns nicht mit den Frauen, denn sonst würden diese selbst nach Honig suchen und wir Männer hätten diesen Vorteil verloren!‹

›Wir erkennen die Bienen am Sonnenlicht, das sich auf ihren Flügeln spiegelt, oder an ihrem Summen, das uns anzeigt, in welche Richtung sie fliegen.‹ Es gibt eine Tageszeit, so gegen vier Uhr, die von den Mbendjélé als ›Stunde der Rückkehr der Bienen‹ bezeichnet wird: ›Wenn wir hören, dass sie in ihr Nest zurückfliegen, dann bedeutet das für uns, dass wir nach Hause zurückkehren müssen. In diesem Moment kann man ihnen leicht folgen, aber wir haben noch viele andere Hinweise. Das gehört zur Walduniversität – man muss dort leben, um seine Sinne zu schärfen.‹

Die Mbendjélé sind Jäger und Sammler, die sofort alles weitergeben. Was aus dem Wald mitgebracht wird, wird untereinander aufgeteilt. Das garantiert, dass niemand Macht über jemanden ausüben kann, denn alle Bedürfnisse werden befriedigt und somit fällt das Instrument der Manipulation weg. Es ist unvorstellbar, dass ein Mann, der Honig gesammelt hat, diesen nicht mit den anderen teilt.

Sobald ein Sammler ein Bienenvolk ausfindig gemacht hat, bildet sich eine Gruppe, um den Honig einsammeln zu gehen. Dabei ist keinerlei Organisation nötig. In diesem Sinne stellt der vielstimmige Gesang, der von den Mbendjélé und in ganz Afrika praktiziert wird, eine ganz subtile Erziehungsmethode dar. Jeder wird ermuntert, etwas anderes zu machen, das aber gleichzeitig eine Ergänzung zu dem ist, was die anderen machen.

Heute und seit der Nacht aller Nächte

Der Mythos vom Ursprung der Menschheit der Mbendjélé ist eine Metapher des Lebens und der täglichen Verrichtungen, bei dem der Honig eine zentrale Rolle spielt. Seine Verkostung ist ein unaussprechliches Vergnügen für jemand, der sonst kein anderes süßes Nahrungsmittel kennt. Diese Geschmacksexplosion bedeutet viel mehr als Nahrungsaufnahme. Der Honig ist Teil der mythischen Verbindung mit dem Körper. Er ist wie ein lebender Vorfahr, in diesem Körper, den wir als heute Lebende unser Eigen nennen dürfen und der wie der Honig ohne Unterbrechung existiert, seit der Nacht der Nächte. Er verbindet uns mit den Fähigkeiten unserer eigenen Existenz.

Honig spielt außerdem eine ganz besondere Rolle in Liebesangelegenheiten und prägt die Beziehungen zwischen Männern und Frauen. Die Männer schenken ihren Frauen Honig als Unterpfand für eine glückliche Ehe. Wenn man im Wald begreift, welche Wirkung der Honig auf einen selbst hat, auf die anderen, auf die Frau, die man liebt, dann bekommt er eine völlig neue Bedeutung. Man kann sagen, dass unsere Gesellschaft ihren Ursprung im Honigteilen hat, und dann wird die Betrachtung metaphysisch, sexuell, spirituell …«

Jerome Lewis ist Anthropologe am University College London und Co-Rektor des Centre for the Anthropology of Sustainability sowie der Forschungsgruppe Extreme Citizen Science.

Im Jahr 1994 ging er mit Frau und Kind für drei Jahre in den Urwald, um bei den Mbendjélé zu leben und ihre Sprache, Religion und Riten zu erlernen.

Diese Erfahrung brachte ihn dazu, die Auswirkungen zu erforschen, die die Evolution der Weltbevölkerung auf die Bewohner des Kongobeckens hat, sowie die Menschenrechtsverstöße, denen sie ausgesetzt sind. Heute führt er Forschungsprogramme zum Schutz der Jäger und Sammler sowie anthropologische Studien über ihre Widerstandsfähigkeit durch.

1) Der Stamm der Mbendjélé besteht aus rund 30 000 Jägern und Sammlern, die als Halbnomaden im Kongo und der Republik Zentralafrika leben. Sie gehören den BaYaka an, einer ethnischen Gruppe von ungefähr 100 000 Menschen, die den westlichen Teil des Kongobeckens bewohnt – Kamerun, Gabun, Republik Kongo und die Zentralafrikanische Republik.

JÄGER UND SAMMLER

DER HONIG DER UNBERÜHRBAREN

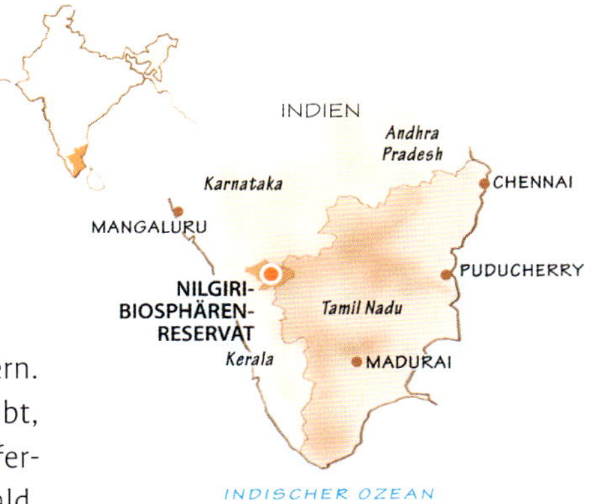

»Nachdem ich mein Seil an einem Baum fest verankert habe, beginne ich mit dem Abstieg, die Füße gegen die Wand gestützt. Es ist der freie Fall in einer Wolke aus Bienen – das ist der Moment, in dem ich ein Gebet an meine Mutter, und natürlich an Gott, schicke … Direkt vor mir befindet sich ein Nest an einem Überhang, eine gelbe Scheibe von 70 cm Durchmesser, von Riesenbienen übersät, dann ein weiteres Nest etwas weiter entfernt, und noch eins … An der Felswand sind es insgesamt 65 Nester. Nie zuvor habe ich eine solche Ansammlung wilder Bienen gesehen und nie zuvor war ich so nah an ihnen dran, dass ich mit ausgestrecktem Arm das Wachs fühlen konnte.

Ich achte darauf, langsam zu atmen, keine ruckartigen Bewegungen zu machen, nicht an mein Schwindelgefühl zu denken und mich auf meine Fotos zu konzentrieren. Die Bilder in meinem Kopf blende ich aus und versuche, so wenig wie möglich zur Seite zu sehen. Mir ist schrecklich heiß und mein Adrenalinspiegel muss sämtliche Rekorde brechen! Und dann merke ich, dass eine Gruppe wütender Wächterbienen eine Attacke auf mich fliegt. Ihre Stacheln durchdringen den verschwitzten Schutzanzug, der an der Haut klebt: Ich muss absteigen.

Kaum bin ich 60 Meter weiter unten angekommen, zeigt das Gift seine Wirkung. Ich kann nichts tun als mich hinzulegen und tief zu atmen, um einen anaphylaktischen Schock zu verhindern. Doch Then Mari ist immer noch da oben, dieser unglaubliche kleine Mann von 62 Jahren, der hier mein Meister ist.«

Then Mari ist ein Adivasi vom Stamm der Irulas, denen die Inder aus dem Weg gehen, weil sie als Unberührbare gelten. Die Adivasi zählen 70 Millionen, aufgeteilt in 650 verschiedene Stämme. Sie sind die Letzten in ganz Indien, die als Honigsammler arbeiten. Die Irulas leben sechs Monate des Jahres von den Erzeugnissen des Waldes und vom Handwerk. Die übrige Zeit bestellen sie Felder, die ihnen nicht einmal gehören. Seit der Reform von 2006 ist es ihnen durch die *Village Forest Councils* erlaubt, ihre traditionellen Arbeiten selbst zu verwalten. Doch durch die Abholzung der Wälder und eine immer stärkere Präsenz der Behörden steht ihre Kultur unter Druck.

Eine Gruppe von Honigsammlern besteht aus etwa zehn Männern. Then Mari, dessen zerzauste Haare, wie es die Tradition vorschreibt, noch nie geschnitten wurden, bereitet bei ihrer Ankunft eine Opferzeremonie für die Ahnen vor. Die Felswände liegen mitten im Wald, im Herzen des Biosphärenreservates der Nilgiri-Berge, das sich im Süden Indiens über eine Fläche von 5670 Quadratkilometern erstreckt und Lebensraum für Tausende von Elefanten bietet. Die Riesenhonigbiene *Apis dorsata* baut dort jedes Jahr ihre Nester, nachdem sie eine Hunderte Kilometer lange Wanderung hinter sich gebracht hat.

Während der drei Tage, in denen sie Honig sammeln, wohnen die Männer in einer von Bäumen umgebenen alten Jagdhütte, die ihnen Schutz vor den beiden Bären bietet, die ums Lager schleichen. Es gibt eine Wasserstelle in der Nähe und genügend Pflanzen, um die großen Smoker herzustellen, die Then Mari als Schutz dienen. Die lange Strickleiter, die zum Honigsammeln gebraucht wird, haben die Familienmitglieder im Dorf Thaladassadatti hergestellt – dort gibt es noch insgesamt zwölf Honigsammler. Die Irula haben keine Angst vor Stichen, weil sie von einem Kind abstammen, das im Alter von drei Jahren von einer Göttin beim Spiel mit wilden Bienen gefunden wurde – dies immunisierte sie gegen das Bienengift.

Die 60 Meter hohen Felswände von Deva Verea beherrschen den Urwald, der sich weit in die Ferne bis hin zu den Hügeln der Nilgiri-Berge erstreckt. Das Biosphärenreservat umfasst die drei Bundesstaaten Kerala, Karnataka und Tamil Nadu, wo der Honig gesammelt wird.

Die Herstellung der 80 Meter langen Strickleiter, die Then Mari zum Honigsammeln benötigt, übernehmen die Familienmitglieder. Seine Frau, die Enkelin und Neffen haben tagelang im Gemeindesaal des Dorfes Thaladassadatti daran gearbeitet. Morgen wird sie nach einer letzten gründlichen Überprüfung in den Wald transportiert.

Doch es ist schwer, Nachfolger für die alte Tradition zu finden. Das Honigsammeln ist gefährlich, denn man muss sich im Urwald gegen Bären und wilde Elefanten behaupten. Und dass die Dörfer alle Fernsehen haben, hat den Wunsch nach Veränderung verstärkt. Der Gegensatz zwischen der traditionellen Kultur der Irula und der Welt der amerikanischen Serien ist nicht zu überbrücken. Die vom Wirtschaftswachstum vergessenen jungen Adivasi möchten heute auch ihr Stück vom Kuchen, Motorroller, Auto, Monatsgehälter – wie jeder andere auch.

Überall in den ländlichen Regionen ändert sich die Einstellung. Dabei geht wertvolles Wissen verloren und das jahrhundertealte, wertvolle Erbe der Saatgutselektion verschwindet. Es gibt aber auch Menschen, die dies für eine Bereicherung halten, wie etwa der junge Dorfchef von Thaladassadatti, der eine Saatenbank geschaffen hat und sich mit Unterstützung der Keystone-Stiftung für die Entwicklung einer biologischen Landwirtschaft einsetzt.

Die Keystone-Stiftung ließ sich 1995 in den Nilgiri-Bergen nieder und ist nun in rund 50 Dörfern zu finden, wo sie über 800 Familien bei unterschiedlichen Unternehmungen begleitet, wie der Ernte von wild wachsenden Nüssen oder den Volksmalereien. Die Stiftung sammelt und verkauft 16 Tonnen Honig pro Jahr, und stellt für rund 200 Honigsammler ein Zentrum zur Verfügung, in dem acht Frauen damit beschäftigt sind, den Honig zu verpacken und Erzeugnisse des Waldes weiterzuverarbeiten. Die Stiftung rief unter anderem Genossenschaften und Bewässerungsprojekte ins Leben, um das traditionelle Know-how aufzuwerten und eine echte regionale Alternativ-Ökonomie zu entwickeln.

An der großen Felswand hängend erntet Then Mari ein Nest nach dem anderen. Bei der Asiatischen Riesenhonigbiene (*Apis dorsata*) schließen sich mehrere Völker an einem bestimmten Ort zusammen und attackieren gemeinsam jeden sie bedrohenden Eindringling. Auf der Felswand leben über 65 Völker beieinander.

Then Mari mit seinen beiden Büscheln Räucherwerk, seinem einzigen Schutz gegen die Wächterbienen. Ein Smoker hängt unterhalb von ihm und hüllt ihn in Rauch ein, während er den anderen dazu verwendet, die Bienen, deren Honig er einsammeln will, in die Flucht zu schlagen.

Apis dorsata produziert eine einzige Wabe – eine riesige goldgelbe Scheibe, die bis zu anderthalb Meter hoch und ein bis zwei Meter lang sein kann.

Am Fuß des Felsens holt ein Teil der Sammlergruppe den mit Honigwaben gefüllten Eiseneimer ein. Stundenlang geht der Korb an der Felswand auf und ab. Dann wird der Honig von Hand ausgepresst und zum ersten Mal gefiltert.

Millionen Bienen fliegen in alle Richtungen davon. Then Mari hat seine Füße auf der Strickleiter verankert und den Kopf zwischen ihre beiden Seile gesteckt. So hat er die Hände frei, um den von einer gabelartig verzweigten Stange gehaltenen Kanister unter dem Nest zu platzieren. Mit einer zweiten Stange löst er die Honigwabe von der Felswand.

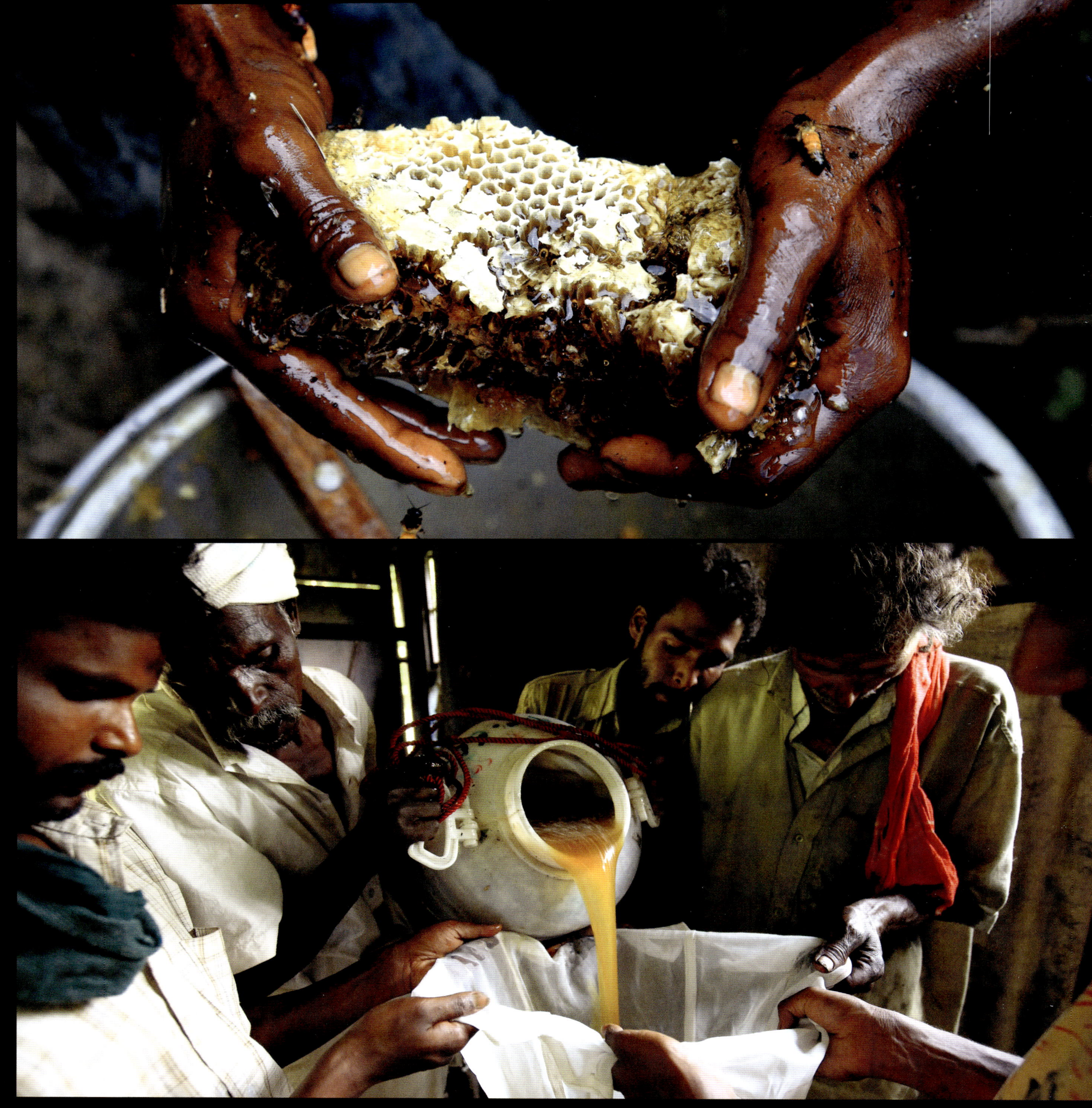

Die Keystone-Stiftung vermittelt hier seit 15 Jahren Produktionstechniken für eine bessere Honigqualität. So soll zum Beispiel der Honig nicht von Hand ausgepresst werden, weil er dadurch mit Wachspartikeln vermengt wird. Im Wald aber, wenn alles schnell gehen muss, sieht die Praxis anders aus ...

Zurück in der Waldhütte wird der Honig, bevor er in von der Stiftung ausgeliehenen Fässern gelagert wird, ein zweites Mal durch ein Siebtuch gefiltert.

Leo Alexander kommt einmal im Jahr in die Dörfer, um die Honigsammler anzuleiten sowie Material und Filter zu überprüfen oder zu verteilen.

Im von der Keystone-Stiftung gegründeten Vorratszentrum von Hasanur, das den Verkauf der Erzeugnisse des Waldes – Honig, Nüsse, Hirse, Konfitüre – zu fördern versucht, füllen die Frauen den Honig in Fässer. Im Jahr 2012 vermarktete die Stiftung rund 16 Tonnen Honig.

Im Dorf Hasanur erinnern Zeremonien daran, dass das Heilige eng mit dem Alltäglichen verbunden ist. Doch die mit Indigofarbe blau gestrichenen Zementhäuser, die die Regierung zur Verfügung gestellt hat, sind mit Fernsehern ausgestattet. Die jungen Adivasi haben ihre Schwierigkeiten, Traditionen und das Wissen ihrer Ahnen mit der in Fernsehserien vermittelten Verlockung des schnellen Geldes unter einen Hut zu bringen. Das Ziel der Keystone-Stiftung ist es zu zeigen, dass ein harmonisches Gleichgewicht zwischen Kultur und materiellem Fortschritt möglich ist. Wird Indien seine Spiritualität zugunsten seiner modernen Entwicklung opfern?

Das freudestrahlende Gesicht eines Soliga vom Stamm der Adivasi zeugt davon, dass er anderer Herkunft als viele andere Inder ist, für die die Adivasi noch immer Unberührbare sind.

JÄGER UND SAMMLER

BUSCHLAND UND BAUMRINDE

Acht Männer gehen im Gänsemarsch unter den riesigen Bäumen des Waldes, der wie ein grünes Band die Baumsavanne durchzieht. Aus dem farnbewachsenen Unterholz erheben sich grau gesprenkelte Baumstämme. Die Luft vibriert vom Summen unzähliger Insekten, die sich in Ohren, Augen und Nasenlöchern niederlassen, sowie der Bienen, die pausenlos angreifen. An der Spitze gehen Markus und Oussein, zwei Imker, die das Buschcamp gemeinsam mit den Gbaya nutzen und die am Vortag ein wildes Bienenvolk in einem Baumversteck gefunden hatten. Am Fuß des Baumriesen fertigen mehrere Männer ein spinnennetzartiges Gerüst aus biegsamen Ästen, die durch Blattfasern der *Raphia*-Palme verbunden werden. Die übrigen helfen den Sammlern, ihre Schutzkleidung aus Rindenfasern anzulegen. Der darin enthaltene Baumsaft *Gété* schützt die Männer und wehrt die wütenden Bienen ab.

Im Busch hängt das Überleben davon ab, wie gut man Pflanzen und Tiere kennt. Als die Gbaya vor den deutschen Kolonialherren flohen, versteckten sie sich im Wald, wo sie wochenlang von Wasser, wilden Yamswurzeln und Honig leben konnten. Um nicht entdeckt zu werden, wollten sie kein Feuer machen. Im Herzen der Provinz Adamaoua erzählt einer der Ältesten von den heldenhaften Zeiten, die sein Vater noch miterlebt hatte. Das Pflanzenwissen wird aber noch weitergegeben. Es bleibt abzuwarten, ob es mit der Modernisierung der Bienenzucht verloren geht …

Schon bald ist der gesamte Körper von Markus und Oussein in eine dicke Pflanzenrüstung eingehüllt. Nur Gesicht, Füße und Hände, die mit der vom Baumsaft noch feuchten Rinde eingerieben wurden, sind noch sichtbar. Die beiden Sammler machen sich an den Aufstieg, indem sie sich am Gerüst den Baumstamm hinaufziehen. 15 Meter über dem Boden halten sie vor einem engen Loch an und vergrößern es mit einem Beil. Die Reaktion des Bienenvolks macht dem Ruf der afrikanischen Bienen alle Ehre! Die Sammler haben es trotz Schutzkleidung eilig, wieder vom Baum herunterzukommen.

»Die Bienen begannen, in meine Maske einzudringen, und ich wollte wieder hinabsteigen. Ich war zum ersten Mal auf einen Baum gestiegen – sonst hatte ich immer an Felsen gearbeitet. Dummerweise hatte ich den Aufstieg sicherheitshalber durch einen Stand[1] unterbrochen. In der Panik hatte ich die Abseilbremse am Stand aber verkehrt herum eingelegt, sodass sie blockierte und ich in 15 Metern Höhe festsaß – mit gesenktem Kopf und der Maske voller Bienen. Es war entsetzlich! Einer der Sammler stieg zu mir hoch und schnitt das blockierte Seil durch. Dann sind wir nur noch gelaufen! Nicht weit weg, sobald wir in der Sonne waren, ließen die Bienen ab. Am Abend waren mein Gesicht und meine Hände angeschwollen von den Stichen. In dieser Nacht fand ich keinen Schlaf.«

Die Aggressivität der Savannenbienen ist ihre beste Verteidigung gegen den Honigdachs (*Mellivora capensis*), auch Ratel genannt. Dieser Fleischfresser hat einen unstillbaren Appetit auf Honig und ist mit seinen vier Zentimeter langen Krallen für zahllose Plünderungen von Bienennestern verantwortlich. *»In Kongo-Brazzaville, wo wir zwar unter ähnlichen Bedingungen, jedoch im nicht vom Honigdachs bewohnten tropischen Urwald Honig gesammelt haben, konnte ich ohne Schutzmaske arbeiten …«*

1) Stand: Punkt am Gerüst, an dem das Kletterseil fixiert ist. Um diese Stelle zu passieren, muss man sich dort zuerst mit einer Schlinge sichern. Dann wird das Abseilgerät umgehängt und man seilt sich weiter ab.

Der Baumsaft *Gété* besitzt eine Abwehrwirkung gegen Bienen. Die Schutzkleidung der Honigsammler besteht aus Rindenfasern und ist ein Relikt eines alten Wissens, das die Bedeutung des Honigs in der afrikanischen Kultur zeigt: als Heilmittel, wenn er mit Pflanzen vermischt wird, und als Stärkungsmittel, wenn er mit Wasser zusammen eingenommen wird.

Da afrikanische Bienen auf Störungen sehr empfindlich reagieren, ist das Honigsammeln tagsüber besonders gefährlich. Deshalb sind Schutzvorkehrungen nötig und das Honigsammeln ist im Aussterben begriffen.

Ein alter Häuptling aus Ngaoundal erzählt, dass sein Vater, als er »Krieg gegen die Deutschen führte«, wochenlang im Wald lebte und sich von Wasser, Honig und wilden Yamswurzeln ernährte. Aus Furcht vor Entdeckung machte er kein Feuer, doch dafür musste er tagsüber Honig sammeln.

Die mit Bananenblättern ausgekleideten Körbe werden aus Blattrippen der *Raphia*-Palme geflochten. Außerdem dienen Fasern der Palme dazu, das grobe Gerüst zusammenzuhalten. In kaum zehn Minuten haben die Männer einen solchen Korb aufgebaut. Mit bloßen Händen holen sie die Waben aus der Höhle, die sich in 15 Meter Höhe befindet. Es gibt keinerlei Sicherheit, außer dass man in aller Regel angegriffen wird.

Ist der stärkste Angriff vorüber, nimmt Markus die Honigwaben an sich und legt sie in den *Raphia*-Korb, den Oussein vorsichtig wieder hinablässt. Die Ernte hat nur knapp zehn Minuten gedauert. Die Beute ist dürftig, auch wenn der schmackhafte Honig, der direkt von der Wabe genascht wird, die Gesichter der Honigsammler erstrahlen lässt. Hat diese Ernteweise ihre Daseinsberechtigung verloren, so wird das Sammeln von Waldhonig fortbestehen. Es bietet eine willkommene Ergänzung zur Erzeugung durch Imkereien.

Jeder, ob Honigsammler, Frauen oder Kinder, wird herangezogen, um Bienenvölker aufzufinden. Doch keiner hat einen solch scharfen Blick wie der *Gba-sara*. Dieser seltsame Vogel, der Große Honiganzeiger, *Indicator indicator*, sucht sich Menschen und den Honigdachs als Verbündete, um an die von ihm begehrten Bienenlarven zu kommen. »Man klopft einfach gegen einen Baumstamm«, erklärt Markus, »und der Vogel weiß, dass man sich auf Honigsuche befindet. Man kann auch pfeifen, was soviel heißt wie »Zeig mir, wo der Honig ist«, und der *Gba-sara* setzt sich auf einen Ast und antwortet mit »tirrrr-tirrr«!

Wenn er merkt, dass man ihn gesehen hat, lässt er sich auf einem anderen Baum nieder und singt weiter. Das geht so weiter, bis man den Honig gefunden hat. Fliegt er zwischen zwei Bäumen für eine lange Zeit, dann ist der Honig noch weit entfernt. Lässt er sich in kurzen Abständen auf einem Baum nieder, ist Honig ganz in der Nähe. Am Ende dieser mysteriösen Zusammenarbeit, die wahrscheinlich so alt ist wie das Honigsammeln selbst, fliegt der Vogel davon, gesättigt von den Larven, die ihm die Menschen dafür geben, dass sie mit vollen Körben zum Camp zurückgehen können.

Hammer

JÄGER UND SAMMLER

DIE RIESEN BORNEOS

Mitternacht, der Mond ist gerade untergegangen. Zwei lange Motorpirogen fahren über den Fluss, der sich zwischen den Bäumen hindurch schlängelt, und hinterlassen auf dem dunklen Wasser silbrige Kräuselwellen. An Bord befinden sich die Männer der Familie Pak Hamsah aus dem Fischerdorf Lubak Mawang sowie die Ausrüstung fürs Honigsammeln: Steigringe, Sammelkörbe, Behälter und Decken. Die Pirogen legen an und die Gruppe macht sich in der Dunkelheit des Waldes auf ihren Weg. Bis zum Nachmittag folgt sie dem ausgetretenen Pfad bis an den riesigen *Lalau*. Der Baum wurde auf den Namen Datu Nahar getauft, im Gedenken an einen Honigsammler, der bei seiner Arbeit ums Leben kam. Hamsah stimmt den ersten heiligen Gesang an, um den Schutzgeist des Baumriesen, der auch der Wächter der wilden Bienen ist, zu besänftigen, damit er ihnen keine bösen Streiche spielt.

Schon vorher hatten die Männer das Unterholz entfernt, während die beiden Kletterer, Hamsah und sein ehemaliger Schüler Sawal, den Stamm mit Rattan umwickelten, um eine provisorische Steigleiter herzustellen, die aus Sicherheitsgründen einige Meter unterhalb des Bienennestes endet. Die Asiatische Riesenbiene (*Apis dorsata*) hat eine Angriffsstrategie entwickelt, an der sich alle Völker beteiligen und die ihr den Ruf hoher Aggressivität eingebracht hat.

»Es ist der 24. Dezember, die Nacht ist stockdunkel. Wir wissen, dass wir auf diesen Baum klettern werden, dessen Krone in 40 bis 50 Metern Höhe nicht einmal zu sehen ist, und dass es da oben Bienen gibt, die uns angreifen werden. Der Gesang, die Sterne, der Wald um uns herum ... das ist magisch und unheimlich!

Ich hatte vor, meine Blitzlichter in Schirmen anzubringen, aber das ging nicht. Also machte ich die Einstellung mithilfe eines Infrarotblitzes und warnte die Kletterer: »Licht!« Aurélien, der mir assistiert, hatte eine LED-Lampe zehn Sekunden lang eingeschaltet, bevor Sawal und Hamsah ihm »Stopp« zuriefen. In der Zwischenzeit griffen die Bienen in riesigen Scharen an. Nach diesen zehn Sekunden herrschte wieder Finsternis. Das Licht habe ich genutzt, um zwei, drei Fotos zu schießen. Ich fotografierte blind drauflos, mit Maske, Handschuhen, und Bienenstichen. Nach dem Aufstieg klebten die Schutzanzüge an der Haut und die Stiche drangen hindurch. Die Probleme häuften sich. Es war unter diesen Bedingungen praktisch unmöglich zu fotografieren ...«

Hamsah und Sawal sind nun am belaubten Teil des Baumes angelangt, einzig und allein mit ihren Räucherbüscheln aus Pflanzen bewaffnet. Rittlings auf einem Ast sitzend, beräuchern sie die ersten Nester. Asche und Bienen erleuchten die Nacht wie weiß glühende Funken. 40 Meter über dem Boden begibt sich Sawal in die Horizontale, um an das letzte Volk zu gelangen, das acht Meter vom Stamm entfernt an der äußersten Spitze eines Astes sitzt. Der Korb wird unter das Nest gehängt und Sawal entfernt den Honigblock. Dabei muss er die Wabe schonen, die Pollen und Brut enthält und somit künftige Ernten garantiert. Rückwärts bewegt er sich auf ein zweites Nest zu und entnimmt auch dort den Honig.

Der mit Honig gefüllte Korb wird hinabgelassen zu den Erben dieses Baumes, den eine Generation an die andere weitergibt. Sie helfen beim Zerschneiden und Auspressen, und sie passen auf, dass sie ihren Anteil an der Honigernte bekommen. Hamsah und Sawal vollführen weiter ihre akrobatischen Kunststücke unter dem Sternenhimmel und werden von den Bienen attackiert, sobald sie nur kurz ihre Stirnlampen einschalten, um sich zurechtzufinden. So vergehen die Stunden, begleitet vom Abtransport der Körbe, dem Räuchern und dem Gesang, der durch den Wald tönt. Schließlich kündigt der Pfiff des *Tiup-api*-Vogels die Morgendämmerung an.

Hamsah und Sawal rüsten einen Teil des *Lalau* aus, von dem sie in dieser Nacht den Honig holen werden, ohne sich aber bis an die Bienen heranzuwagen.

In der Regenzeit besteht die Region aus Seen, Flussarmen und überfluteten Wäldern, in denen sich die Honigsammler in ihren Booten vorwärtsbewegen.

Hamsah und Sawal, die beiden Kletterer ihres Dorfes, leben auch noch vom Fischfang. Das Gerüst, auf dem sie zu den Bienenkolonien hinaufsteigen, besteht aus biegsamen, mit Rattan verflochtenen Pflanzenstängeln, an denen Holzstangen befestigt worden sind. Im Gegensatz zum *jantak*, wo in den Baumstamm eingeschlagene Bambusnägel als Trittstufen dienen, wird bei dieser Technik der Baum nicht beschädigt. Sie macht eine dauerhafte Ausbeute möglich.

Die Kletterer steigen zügig hinunter, um sich nicht der Wut der Bienen auszusetzen. 16 Waben haben sie erbeutet – rund 70 Kilogramm Honig. Das ist wenig, jetzt zu Beginn der Regenzeit, dem Auftakt zu einer fünf Monate dauernden Blütezeit von Lianen, Wasserpflanzen und Bäumen. Die unzähligen Seen der Region Sentarum werden nun um mehr als sechs Meter ansteigen und dabei die meisten Wälder unter Wasser setzen. Der Monat Dezember steht überdies für die Ankunft der Riesenbienen: Sie wandern aus den Bergen der Umgebung ein und lassen sich auf den Ästen der *Lalaus* nieder, bevor sie die niedrigere Vegetation besetzen.

Die Erben dieser Bäume teilen sich jährlich 400 Kilogramm, sogar bis zu einer Tonne Honig, die zur Hälfte an Hamsah und Sawal gehen, den einzigen Kletterern des Dorfes. Der Honig wird an Händler verkauft, die auf ihren großen Booten vorbeikommen, um selbst getrockneten oder geräucherten Fisch zu kaufen. Der Fischfang macht 80 Prozent des Einkommens dieser Menschen aus, die erst vor 20 Jahren in Seedörfern sesshaft wurden.

Bevor das Paraffin in der Mitte des 19. Jahrhunderts bekannt wurde, war Wachs die wirtschaftliche Basis der Honigsammler. Sie exportierten es nach Java in die Batik-Fabriken und sogar bis nach China. Seit 1994 haben die im 132 000 Hektar großen Nationalpark von Danau Sentarum ansässigen Dorfgemeinden eine dauerhafte Verwaltung ihrer Ressourcen, sowohl für die Fischerei als auch die Honigbranche. Die ADPS, eine lokale Vereinigung von Bienenzüchtern, hat es verstanden, den Honig auf dem indonesischen Binnenmarkt zu vermarkten, indem sie einen Pflichtenkatalog für die Produktion erstellte, der den Erhalt der Ressourcen durch eine begrenzte Honigentnahme gewährleisten soll. Die Initiative der ADPS ist ein voller Erfolg. Der von der Bio-Branche in Java und im Ausland als »Walderzeugnis« verkaufte Honig bringt den Bienenzüchtern rund 6,– € pro Kilo ein. Ein wahrer Geldregen.

Bei Neumond herrscht vollständige Finsternis. Das Gerüst reicht bis an die ersten Bienennester heran, wo Hamsah nur kurz seine Stirnlampe einschaltet, um sich zurechtzufinden, aber keinen massiven Bienenangriff auszulösen.

Ungefähr zehn Männer aus der Familie von Pak Hamsah sind an der Honigernte sowie an der Pflege der Bäume beteiligt. Sie entfernen das Gestrüpp in der Umgebung, helfen bei der Herstellung der Leiter und beim Transport oder Auspressen des Honigs. Als Abkömmlinge und Erben des ersten Baumbesitzers erhalten sie die Hälfte der Ernte. Hamsah besitzt eine Abschrift der Besitzurkunde für etwa 15 große Bäume, die noch in Alt-Malaiisch verfasst, auf einer Rindenscheibe niedergeschrieben und 1917 vom Sultan von Selimbau unterschrieben wurde.

40 Meter über dem Boden wagen sich Hamsah und Sawal bis auf die äußersten Astspitzen des großen *Lalau*. In dieser Nacht ernten sie 20 Nester. Um die Wächterinnen zu verwirren, arbeiten sie in völliger Dunkelheit, nur kurz vom Licht der Stirnlampen und dem Aufglühen der von den großen Rauchbündeln versengten Bienen unterbrochen. Die von den Kletterern gesungenen Mantras begleiten die unterschiedlichen Etappen dieser gefährlichen Honigernte: um den Geist des Baumes zu besänftigen, wenn sie die Bienen jagen, um sich an der Ernte zu erfreuen, wenn sie eine Wabe abschneiden, um die Ahnen zu bitten, den Korb zu schützen, wenn er hinabgelassen wird …

Ihre Technik unterscheidet sich kaum von den Honigernten der ersten Menschen, die vor 12 000 Jahren auf dieser Insel lebten. Das bezeugen Felsmalereien aus den Höhlen von Liang Karim, die sich im Osten der Insel in den Marang-Bergen befinden.

Die Riesenbiene *Apis dorsata* ist bemerkenswert, nicht nur wegen ihrer Größe. Wie ihre im Himalaja lebende Verwandte *Apis laboriosa* wandert sie mindestens zwei- bis dreimal pro Jahr über Hunderte Kilometer und kann mehrmals pro Saison ausschwärmen. Die Völker sammeln sich alle an der gleichen Stelle, einer Felswand oder auf einem Baum im Dschungel.

Wenn sich die klimatischen Bedingungen verschlechtern oder die Nahrung knapp wird, ziehen die Arbeiterinnen keine neuen Bienen mehr groß. Dann macht sich das gesamte Volk mit seiner Königin auf die Suche nach einem besser geeigneten Standort. Ist dort reichlich Nahrung vorhanden, pflanzen sich die Bienen durch mehrfaches Ausschwärmen fort. Die Schwärme lassen sich in der Umgebung nieder, um neue Nester zu gründen. Sie befinden sich zwar in der Nähe, sind aber doch losgelöst vom Muttervolk. Nur die Bienen, die im ursprünglichen Nest geblieben sind, lassen sich an genau der Stelle nieder, die sie zu ihrer saisonalen Wanderung[1] verlassen hatten.

1) *Swarming and migration of* Apis dorsata *and* Apis laboriosa. *Jerzy Woyke und Maria Wilde, Polen, 2012.*

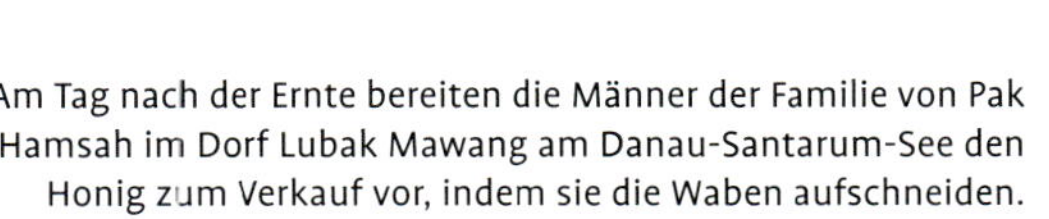

Am Tag nach der Ernte bereiten die Männer der Familie von Pak Hamsah im Dorf Lubak Mawang am Danau-Santarum-See den Honig zum Verkauf vor, indem sie die Waben aufschneiden.

Der Sultan von Selimbau, Mengambil Suliman, in Galakleidung in seinem Haus. Nach Aussage des Sekretärs der Familie lässt sich seine Linie bis ins Jahr 1000 zurückverfolgen.

Auch wenn der Fischfang in dieser Region an erster Stelle steht, nimmt der Honig dennoch eine bedeutende Stellung ein, da jede Familie mehrere Bäume und manchmal auch mehrere *Tikung* (siehe Seite 90/91) ihr Eigen nennen.

Der 29-jährige Suriadi, ein Mitglied der APDS, besitzt 300 *Tikung*. Die APDS verlangt, dass der Honig bei Tageslicht gesammelt wird, was für die Männer viel gefährlicher ist, weil sie heftigen Bienenattacken ausgesetzt sind. Für die Völker ist es jedoch schonender. Bei der Ernte der »Honigbretter« hängt alles von der Schnelligkeit ab: Innerhalb weniger Minuten muss der Imker auf den Baum steigen, reichlich räuchern und die Wabe an der äußersten Spitze abschneiden. Danach steigt er wieder herunter und entfernt sich sofort in seinem Boot, um einem Angriff zu entfliehen und die Bienen wieder in ihr Nest zurückkehren zu lassen.

Die *Tikung* oder Honigbretter werden vor Ort angefertigt, hier im Dorf Lubak Mawang. Zuerst werden die Bretter zugeschnitten, und danach wird ihre Unterseite mit Wachs eingerieben, um die nach ihrer langen Wanderung ankommenden Schwärme anzulocken. Im Jahr 2014 wurden auf diese Art 250 Kilo Honig von 125 Völkern produziert.

Die Imker vom See haben sich in einem Verein zusammengeschlossen, der APDS, deren oberstes Ziel der Schutz der Bienen und ihrer Umwelt sowie die Aufwertung des Honigs ist. Im Bild Nicolas Césard zusammen mit Suriadi im Büro der APDS im Dorf Semangit.

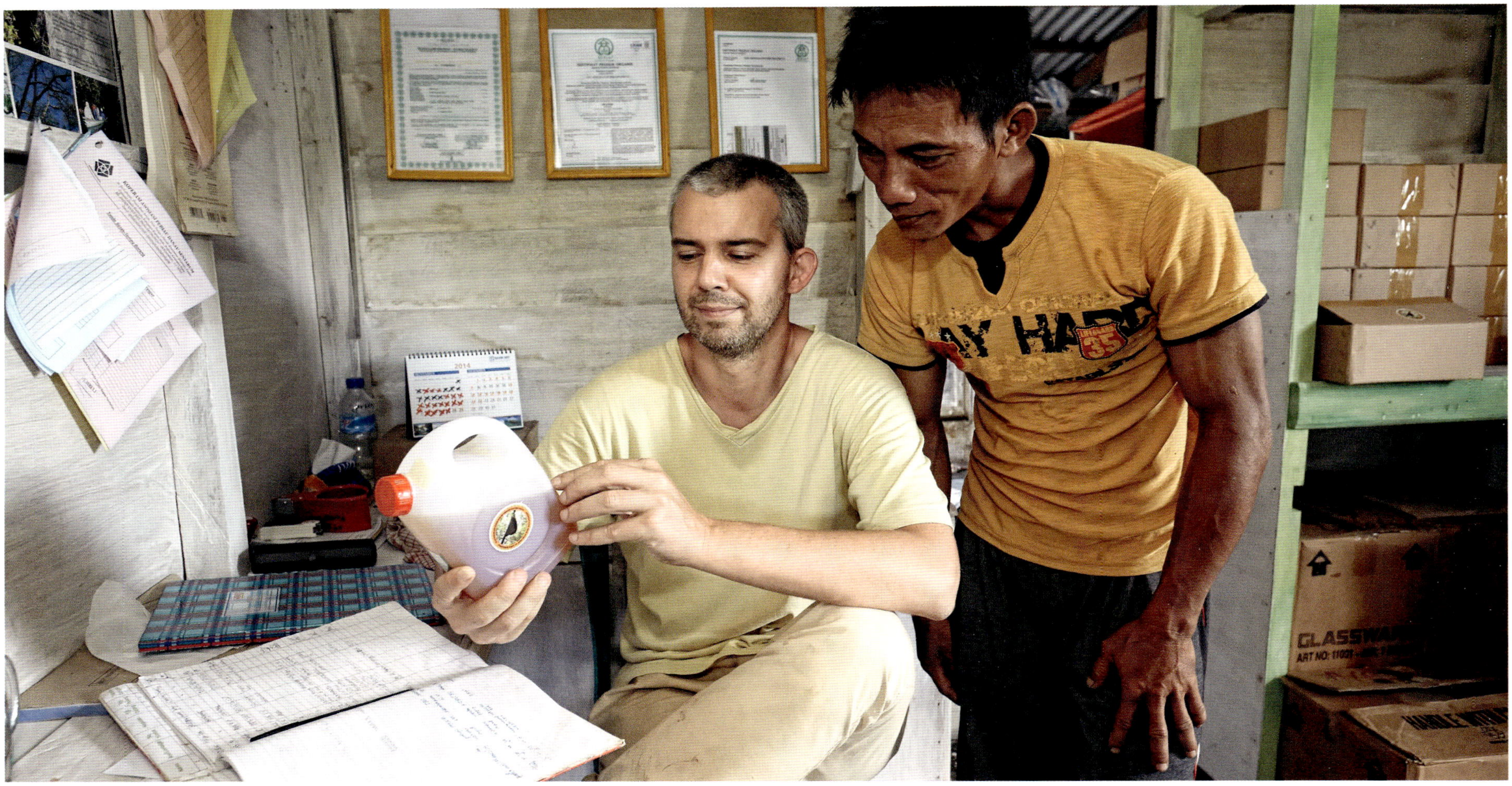

DER EXPERTE

Dr. Nicolas César
FRANKREICH

Nicolas César ist Ethnologe und Forscher im Laboratorium für Öko-anthropologie und Ethnobiologie des Muséum national d'histoire naturelle (CNRS/MNHN), dem Nationalmuseum für Naturgeschichte in Paris.

Er ist spezialisiert auf Indonesien und den Umgang mit natürlichen Ressourcen. Daher untersucht er die Beziehungen zwischen Mensch und Umwelt mit den Methoden der Ethnoentomologie, dem Studium der Bedeutung von Insekten in Volksheilkunde, Religion, Kunst und Kultur.

Für seine Forschungen hielt er sich mehrmals in den USA und in Asien auf, vor allem in Japan an der Universität von Kyoto.

WILD LEBEND ODER DOMESTIZIERT?

Die Asiatische Riesenbiene, *Apis dorsata*, ist die größte Honigbiene. Sie baut ihr Nest hängend an einem Ast oder einer Felswand, mit einer einzigartigen vertikalen Wabe, die zwischen einem und zwei Meter lang und anderthalb Meter hoch sein kann. An einem Standort können sich bis zu hundert Bienenvölker versammeln. Die Spezies ist bekannt für ihre Wehrhaftigkeit. In ihrem gesamten Verbreitungsgebiet, also Süd- und Südostasien, gehen die Honigsammler große Risiken ein, wenn sie die oft schwer zugänglichen Waben ernten. Diese Honigernte wird jedoch oft praktiziert, denn der Waldhonig und die mit Larven reichlich gefüllten Bruträume liefern eine wichtige Nahrung und garantieren außerdem ein zusätzliches Einkommen.

Für die Honigernte auf den großen Bäumen sind präzise Kenntnisse über das Verhalten der Bienenvölker und das Know-how von Experten erforderlich. Je nach Region und Standort können diese Kenntnisse variieren. Auf manchen Bäumen wird regelmäßig Honig gesammelt, sodass ihre Besitzer dort Holzpfähle oder Eisennägel angebracht haben, um den Aufstieg zu erleichtern. Die Schwärme kehren jedes Jahr an den gleichen Standort zurück. Daher wird der größte Teil der Bäume gepflegt und geschützt. Durch das Gewohnheitsrecht ist der Zugang zu ihnen geregelt. Manche Bäume werden vererbt, andere sind frei zugänglich und können vom Ersten, der kommt, abgeerntet werden. Die Honigernte ist oft gut durchorganisiert, mit einer genauen Aufgabenverteilung zwischen Kletterern und Sammlern.

Einzigartig – die Teildomestizierung der Asiatischen Riesenbiene

»Meine anthropologischen und ethnobiologischen Recherchen haben sich auf eine bestimmte Form des Schwarmmanagements bei den Riesenbienen konzentriert, die je nach Art und Weise zwischen Honigsammeln und Bienenzucht angesiedelt ist. Die Technik, die zum ersten Mal 1850 in Borneo beobachtet wurde, verwendet ein Hilfsmittel, in Englisch *Rafter* genannt, und ist bestimmt noch viel älter. Den malaiischen Bienenzüchtern zufolge stammt sie von den Vorfahren, die beobachteten, wie sich Bienenschwärme auf Treibholz niederließen, das sich im Laub der unter Wasser stehenden Bäume verkeilt hatte. Diese Technik entwickelte sich dann in Regionen Indiens, Vietnams, Kambodschas und vor allem in Indonesien weiter, wo ich meine Studien durchführe. Sie besteht darin, in Kopfhöhe eine um 30° geneigte Auflage, ein Brett oder einen Stamm anzubringen. Darunter gründen die Bienen ihr Volk, indem sie dort ihre Wabe bauen.

Auf Borneo bauen die Imker zwei Meter lange Auflagen, die sogenannten *Tikung*, mit einer konkaven Oberseite, damit das Regenwasser abfließen kann, und einer konvexen Unterseite, um die Anbringung und den Wabenbau zu erleichtern. Die Brettunterseite wird mit altem Wachs eingerieben, das die Bienen anlockt. Wenn die Konstruktion den Bienen optimale Bedingungen bietet, dann sind regelmäßige und reichliche Ernten möglich. Sie finden vorzugsweise nachts statt, um die Bienenangriffe zu minimieren.

Manche Imker besitzen bis zu 400 Bretter, von denen jedes Jahr rund ein Viertel von Bienen bevölkert ist. Im Gegensatz zur Honigernte auf Riesenbäumen oder an Felswänden sind hier die Völker leicht zugänglich. Diese Technik, die eine einfache, aber effiziente Imkerei ermöglicht, beruht auf genauen Kenntnissen des biologischen Zyklus der Spezies und der unterschiedlichen Blütezeiten. Sie ist ein einzigartiges Beispiel für die Teildomestizierung der Asiatischen Riesenbiene.

Bei meinen Studien steht der Wissensschatz der Einheimischen im Vordergrund, sowohl im Hinblick auf das Verständnis der Bienen und der Ökologie, die die Schwärme anlockt, als auch auf die Regeln bei der Durchführung der Honigernte – Schutz der Brut, nur teilweise Entnahme von Honig. So sind mehrere Ernten pro Saison möglich und die Bienen kehren im folgenden Jahr auch zurück.«

WAGHALSIGE FLÜG

DER EXPERTE

DAS GENIE DER BIENE

»Bienen faszinieren die Wissenschaftler wegen ihrer sozialen Organisation, der ausgeklügelten Kommunikation, ihres Lern- und Erinnerungsvermögens bei Laborversuchen, ihres inzwischen sequenzierten Genoms und des komplexen Gehirns, das aus 950 000 Neuronen bei einer Größe von einem Kubikmillimeter besteht. Ganz besonders interessiert die Welt der Wissenschaftler die Entschlüsselung der Mechanismen hinter der Lernfähigkeit und dem Gedächtnis der Bienen.

Für uns Wissenschaftler werden die Fähigkeiten der Bienen im Experiment zugänglich, weil sie in bestimmten Versuchsanordnungen trainiert werden können Probleme zu lösen. Dabei können wir ihr Lernvermögen und Gedächtnis erforschen. Die Bienen sind in dieser Hinsicht kooperativ. Werden sie mit einem Tropfen Zuckerwasser belohnt, fliegen sie unzählige Male zwischen Bienenstock und Labor hin und her, um an diese Leckerei zu kommen. So beantworten sie unsere Fragen, während sie in den Experimenten mitarbeiten.

Um die Lernfähigkeit der Bienen im Labor zu beobachten, verwenden wir beispielsweise eine Konditionierung durch Gerüche. Sie beruht darauf, dass »ahnungslose« Bienen, in Röhrchen gesetzt, ihren Rüssel ausstrecken, sobald ihre Antennen mit Zuckerwasser in Berührung kommen. Präsentiert man den Bienen einen Duft, bevor sie mit Zuckerwasser gelockt werden, dann lernen sie den Duft mit der süßen Belohnung in Verbindung zu bringen. Künftig genügt allein der Duft, damit die Biene ihren Rüssel ausstreckt. Dieser Lernvorgang geht sehr schnell vor sich. Es genügt, die Bienen dreimal dem Geruch und Zuckerwasser auszusetzen, um den Duft ein Leben lang im Gedächtnis des Insekts zu verankern.

Konditionierung und komplexe Lernfähigkeit

Der große Vorteil bei Bienen ist, dass wir die Studien über ihr Lern- und Erinnerungsvermögen mit der Erforschung ihres Gehirns verbinden können, um die Mechanismen zu begreifen, die diesen Fähigkeiten zugrunde liegen. Auf diese Art können wir eine Biene mit offengelegtem Gehirn konditionieren, um herauszufinden, was bei der Abspeicherung des Wissens in bestimmten Neuronen vor sich geht.

Dr. Martin Giurfa
CNRS TOULOUSE – FRANKREICH

Zum Beispiel konnten wir zeigen, dass die Ausbildung des olfaktorischen Gedächtnisses zu Schwankungen bei der Aktivität und zu strukturellen Veränderungen wie der Zunahme der Synapsen im Pilzkörper, dem Sitz des Langzeitgedächtnisses, führt. Wir haben auch gesehen, dass diese Gehirnbereiche nicht auf die Abspeicherung von Langzeiterinnerungen begrenzt sind. Sie sind ebenfalls äußerst wichtig bei der Lösung komplexer Probleme. Es ist beispielsweise möglich, eine Biene so zu trainieren, dass sie eine aus drei Reizen (A, B und die gleichzeitige Präsentation von A und B) bestehende Aufgabe lösen kann. Das ist deshalb eine komplexe Aufgabe, weil A und B jeweils mit Zucker belohnt werden, AB jedoch nicht. Die Biene muss also lernen, auf A und B zu antworten, nicht jedoch auf AB. Sie muss also begreifen, dass sich AB von A und B unterscheidet.

Bienen sind in der Lage, diese Aufgabe zu meistern, und das brachte uns dazu, bei dieser Problemlösung die Rolle der Pilzkörper im Insektengehirn zu erforschen. Dazu injizierten wir ein Narkosemittel in diesen Bereich des Gehirns und schalteten damit die Fähigkeit komplexe Probleme zu lösen aus. Die Bienen mit der Injektion konnten jedoch weiterhin einfache Aufgaben lösen, was zeigt, dass die Pilzkörper für komplexe Assoziationen zuständig sind und andere Gehirnstrukturen für einfache. Daraus wird ersichtlich, dass es im Gehirn von Insekten – wie bei den Wirbeltieren – unterschiedliche Bereiche gibt, die für komplexe Lernaufgaben oder für einfache Lernprozesse zuständig sind.

Gleich oder unterschiedlich?

Überdies führten wir Experimente mit Bienen im freien Flug durch, die darauf trainiert sind, visuelle Beeinträchtigungen in Labyrinthen zu meistern. Es gibt dort einen einzigen Eingang, der mit einem Reiz ausgestattet ist, etwa ein Bild, das sich in Farbe, Form und grafischer Gestaltung unterscheiden kann. Im Innern des Labyrinths hat die Biene die Wahl zwischen zwei Wegen, von denen jeder mit einem Reiz markiert ist. Einer davon ist mit dem Reiz am Eingang identisch, der andere nicht. Die Idee dahinter ist herauszufinden, wie vielfältig die kognitiven Fähigkeiten von Bienen in Freiheit gegenüber denen in Gefangenschaft sind.

Dabei haben wir entdeckt, dass Bienen in der Lage sind, sich abstrakte Begriffe zu erschließen, was bisher eigentlich als Vorrecht des Menschen und bestimmter Wirbeltiere galt. Wir konnten unter anderem belegen, dass Bienen fähig sind, den Begriff von Gleichheit oder Unterschiedlichkeit zu erfassen. Im ersten Fall muss die Biene die abstrakte Regel unabhängig von einem besonderen Reiz lernen: »Wähle das Gleiche wie das, was man dir gezeigt hat.« Im zweiten Fall muss sie die Regel lernen: »Wähle das Gegenteil von dem, was man dir gezeigt hat.«

Im ersten Fall waren die Bienen am Eingang zu einem Labyrinth mit unterschiedlichen Bildern konfrontiert, ohne eine Belohnung zu erhalten. Sie erhielten ihre Zuckerwasser-Belohnung nur dann, wenn sie im Innern des Labyrinthes den Reiz wählten, der mit demjenigen am Eingang übereinstimmte.

In allen Fällen haben die Bienen im Innern des Labyrinthes das Bild gewählt, das mit dem am Eingang identisch war, sogar dann, wenn Letzteres ständig geändert wurde, sie es also zum ersten Mal sahen. Sie sind also in der Lage, den Begriff der Gleichheit zu erfassen. Auf dieselbe Art erlernten sie die Bedeutung des Begriffs Unterschiedlichkeit, indem sie immer das Gegenteil von dem wählten, was ihnen gezeigt wurde, unabhängig davon, welches Bild verwendet wurde.

Diese unvermutet vielfältigen Verhaltensmuster der Bienen zeugen von einer Wahrnehmung auf hohem Niveau, die man vor diesen Untersuchungen nur Primaten zugestanden hat. Und deshalb wecken die Bienen unser Interesse und überraschen uns immer wieder. Unser Ziel ist es aber, herauszufinden, wie ein solch winziges Gehirn wie das der Biene zu solchen Leistungen fähig ist. Es würde uns helfen zu verstehen, wozu wir Menschen in der Lage sind und unseren Platz in der Natur relativieren.«

Martin Giurfa ist Argentinier und leitet seit 2003 ein Foschungszentrum, das sich mit der Wahrnehmung von Tieren befasst. Es untersteht der CNRS sowie der Universität Paul Sabatier in Toulouse, wo er auch Professor ist.

Seine Forschungsarbeit widmet er dem Lern- und Erinnerungsvermögen von Insekten, mit Ansätzen aus Neuroethologie, experimenteller Psychologie, Neurobiologie, den Computer-Neurowissenschaften und der Molekularbiologie. Er hat das Ziel, die Regeln zu begreifen, die der assoziativen Lernfähigkeit der Bienen zugrunde liegen.

2012 wurde Martin Giurfa zum führenden Mitglied des Institut universitaire de France ernannt.

AN DEN QUELLEN DES NEKTARS

ÄTHIOPIEN

RUMÄNIEN

ARGENTINIEN

AN DEN QUELLEN DES NEKTARS

HIRTEN DER BIENEN

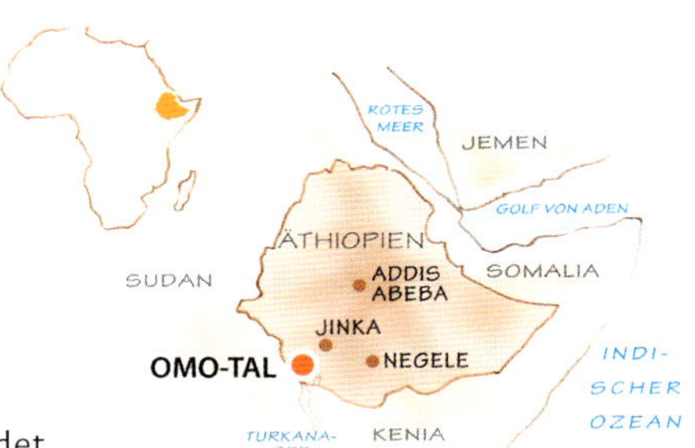

»Das erste Volk hat mir mein Patenonkel geschenkt. Heute habe ich sieben Völker, ich hatte aber auch schon fast 30.« Der etwa 40-jährige Oita Woubiné kennt die Blumen, die von den Bienen gern besucht werden, und die Farbe des Honigs von jeder dieser Pflanzenarten. Er lebt mit seiner Frau Nuo und seinen sieben Kindern in einer runden Hütte mit Strohdach, umgeben von einem Maisfeld. Um die wenigen Ziegen und Rinder der Familie kümmern sich die Jungen.

»Im Camp von Oita, im äußersten Süden des mythischen Omo-Tals gelegen, bricht die Nacht herein. Ich gehe in mein Zelt. Die Natur ist überwältigend. In der Ferne hört man Donnergrollen und der Himmel und die Hügel am Ende des Plateaus werden von Blitzen erleuchtet. Es ist der Beginn der Regenzeit, Mais und Sorghum sind noch nicht reif. Die Frauen jäten die Äcker. Eine von ihnen singt, worauf die anderen einstimmen: magisch! Auf der anderen Seite bereiten die jungen Männer ihre Bögen und mit Gift präparierte Pfeile vor, mit denen sie die Paviane erlegen wollen, die nachts die Zicklein holen. Später dann, im Schein des Lagerfeuers auf dem Boden der Hütte um eine Kalebasse mit gegorenem Sorghum-Bier sitzend, stellt mir Oita seinen Nachbarn Sabi vor. Morgen werden wir in den Busch gehen, um neue Beuten aufzustellen und Honig zu sammeln.«

Die Männer gehen auf einem Ziegenpfad, gekrümmt von der Last der Beuten, die auf ihrem Rücken festgegurtet sind. Die aus einem ausgehöhlten Baumstamm angefertigten Beuten, an den Enden mit Holzscheiben verschlossen und von Stroh umgeben, wiegen gut fünfzehn Kilogramm. Der Pfad führt durch einen ausgetrockneten Fluss, durch Lagerplätze, über stachlige, blühende Hecken hinweg zu einem vorwiegend mit Akazien bewachsenen Waldgebiet. Oita stellt seine Last am Fuß eines riesigen Baumes ab, auf dem sich schon fünf Beuten befinden. Die Männer reiben sich, nicht ganz ohne Eitelkeit, mit Lehm ein, um sich vor Stichen zu schützen.

Sabi befestigt ein kleines Reisigbündel an der Machete, entzündet es und klettert dann mit enormer Geschicklichkeit etwa 15 Meter den Baum hinauf, um eine leere Beute anzubringen, die von einem neuen Schwarm bevölkert werden soll. Die Bana arbeiten mit wilden, zwar sehr aggressiven, aber produktiven Bienen. Die Beuten liefern in den Wachswaben jährlich drei bis fünf Kilogramm Honig.

Sabi inspiziert noch schnell die anderen Beuten und entschließt sich dann, eine davon zu ernten, die bereits voll ist. Er pustet in sein Räucherbündel, lockert den Boden der Beute mit seinem Messer, schneidet die honiggefüllten Waben ab und verstaut sie in einer Kalebasse. Er arbeitet schnell und präzise, denn die Bienen attackieren ihn. Sabi verschließt die Beute wieder, steigt schnell den Baum hinunter und alle rennen davon – vergnügt, trotz der Stiche. Erst in einiger Entfernung halten die Sammler an, um die Larven, die »Milch der Bienen«, zu verkosten.

Während der Ernte kam ein Bote ins Dorf. Er kündigte den Initiationsritus des 16-jährigen Aiké an, der 20 Kilometer weiter südlich bei einem Verwandten von Oita stattfinden sollte. Drei Tage später haben sich dort um die 100 Angehörige versammelt. Die jungen Mädchen tanzen nach Altersgruppen getrennt und singen dabei zum Klang der Hörner, während das Sorghum-Bier in Strömen fließt.

Bevor die Bana Landwirte wurden, waren sie Bienenzüchter. Der Besitz an Bäumen, die Völker tragen, wird auf die Nachkommen vererbt. Der Baum, der sich auf dem Grund befindet, der Oita zugesprochen wurde, gehört einer anderen Familie.

Eine Biene sammelt Nektar auf *Moringa oleifera*, einer essbaren Heilpflanze. In diesem Gebiet leben drei Bienenunterarten: *Apis mellifera mellifera* aus dem Rift-Tal, *Apis mellifera nubica*, ursprünglich aus dem Sudan stammend, und *Apis mellifera scutellata* aus der östlichen Afar-Region, nahe der Grenze zu Somalia.

Im Schutz der Bäume trinken *Chokolés* und *Mazas*, die jungen, unverheirateten Männer, die bereits initiiert sind, geronnene Milch und Kaffee. Die Frauen nähern sich und provozieren die Männer, bis sie geschlagen werden. Bei diesem eigenartigen Liebesspiel kann es schon vorkommen, dass bei einigen das Blut über den Rücken läuft. Sie stellen ihre Narben stolz zur Schau, ein Liebespfand für ihre Angehörigen, Brüder und im weiteren Sinne für ihren Ehemann.

Dann laufen die *Mazas* auf eine Initiationspforte zu, die durch einen Bogen aus Zweigen symbolisiert wird. Am Eingang ist eine Beute angebracht, in die die Opfergaben für den jungen Aiké gelegt werden – Armbänder, ein Stirnband aus Perlen, Milch, Honig und ein *Boko*, ein Fruchtbarkeitsstab in Phallusform, der ihn das ganze Leben hindurch begleiten wird. Der ganze Trubel erreicht seinen Höhepunkt, als etwa 20 Stiere, an Hörnern und Schwänzen fest miteinander verbunden, in einer Reihe aufgestellt werden. Um seinen Mut zu beweisen, muss der junge Mann die Reihe der Stiere viermal überwinden, indem er von einem Stierrücken zum nächsten springt.

Er erhebt sich, vollkommen nackt, stützt seinen Fuß auf einem Kalb ab, richtet sich dann in der Sonne auf, läuft über die Rücken der Stiere, vollführt geschickte Kehrtwenden unter den Beifallsrufen der Zuschauer und beendet schließlich seinen vierten Durchgang, bevor er zusammenbricht. Die *Mazas* beglückwünschen ihn und bedecken seinen nackten Körper. Allen steht ein Lächeln im Gesicht und der Gesang der Frauen begrüßt Anoumba, wie er jetzt mit seinem neuen Männernamen heißt.

Dieser einzigartigen Kultur ist nur noch ein kurzer Aufschub gewährt, denn die Zukunft des Omo-Tals ist beschlossene Sache. Ein Fünfjahresplan sieht die Schaffung von 300 000 Hektar an Zuckerrohrplantagen und fünf Fabriken vor. Der Fluss wird durch eine dritte, bereits im Bau befindliche Talsperre reguliert werden. Ohne Schutzzone sind die Nationalparks von Omo und Mago dem Untergang geweiht. Das Land möchte sein Wachstum auf intensiver Landwirtschaft aufbauen, ein zerstörerisches und veraltetes Modell.

In der Nähe des Dorfes Korcho an einer Biegung des Omo-Flusses macht sich ein Karo-Bienenzüchter mit der Kalebasse in der Hand zur Honigernte auf.

Mit einem Räucherbüschel bewaffnet inspiziert Waracha Shisha vom Stamm der Maalé seine Beuten. Er erntet den Honig vom Innern der Hütte aus, wo sich auch die Küche für die ganze Familie befindet. Der 60-jährige Waracha meint, er sei zu alt, um auf Bäume zu klettern. Dieses Bienenhaus hat er aufgestellt, damit sich seine Bienen an die Gegenwart von Menschen und an Rauch gewöhnen.

Nachts im Licht des Mondes ernten die Bana den Honig in den Bäumen (oft majestätische Akazien), die jeweils mehrere Völker beherbergen. Nach der Ernte werden Honig und Larven, die »Milch der Bienen«, untereinander aufgeteilt. Die Kalebassen werden mit Propolis – ganz nach Art der Bienen – wie mit einem desinfizierenden Mörtel versiegelt.

Im Dorf Bori im Bana-Land sieht der 16-jährige Aiké seinem großen Tag der Initiation entgegen. Etwa zwanzig Stiere werden fest miteinander verbunden und bilden so einen Pfad, den er viermal zurücklegen muss, ohne dabei zu fallen. Angefeuert von der Menge gelingt es ihm mit Bravour, von einem Rücken zum anderen zu springen, bevor er dann unter Beifallsrufen erschöpft zusammenbricht.

Den zahlreichen Cästen, die zu diesem dreitägigen Fest aus der ganzen Region angereist sind, wird als Willkommenstrunk dreimal Bier angeboten.

Die Bienenzüchter der Bana sammeln den Honig zweimal jährlich, jeweils am Ende der Regenzeit. Auf dem Markt von Kako verkaufen sie eine Mischung aus Honig und Wachs. In diesen Tagen versammeln sich die jungen Männer in den Bars, um den lokalen Honigmet, den *Teji*, zu trinken: Obwohl er wenig Alkohol enthält, sind die Männer schnell beschwipst.

AN DEN QUELLEN DES NEKTARS

BIENENWANDERUNGEN

»Bei meiner ersten Reportage wurden bereits bei der Ankunft meine gesamten Pläne über den Haufen geworfen. Ich war im Norden des Landes in der Maramuresch angekommen, wo man mir von Dinu, einem Wanderimker, erzählte. Ich machte mich auf den Weg, um ihn 700 Kilometer weiter südlich, in der Nähe des Donaudeltas, zu treffen. Ich durchquerte das Land auf den Bundesstraßen, die ständig von Lastwagen verstopft sind, und legte um zwei Uhr morgens einen Zwischenstopp in einem einsamen Hotel ein, um am nächsten Tag die Donau zu erreichen. Dinu hatte seinen mit Beuten beladenen Lkw am Waldrand von Ciucurova geparkt, wo ich dann am Abend völlig übermüdet angekommen war. Aus den paar Stunden, die wir zusammen verbrachten, ist eine Freundschaft entstanden, die mich sechs Jahre später wieder hierher führte. Dinu besitzt wie kein anderer ein Gespür für sein Gegenüber. Ich hatte nie das Gefühl, ihn zu stören, während ich meine Fotos schoss. Zwischen uns lief alles wie von selbst, ruhig und vertraut ...«

Ende August war Dinu nach fünfmonatigem Nomadenleben zurückgekehrt und hatte seinen Lkw zu Hause in der Maramuresch abgestellt. Sein Wanderleben hat sich verändert: Aus den 150 Bienenvölkern von vor sechs Jahren sind inzwischen 260 geworden, der alte MAN-Lkw ist durch einen Sattelschlepper mit zwei Tiefladern ersetzt worden, das Wohnmobil hat Dusche und Kühlschrank, und seine Frau kann ihn oft mit ihren Söhnen besuchen. Dinu hat außerdem seine Wohnung in Baia Mare aufgegeben und ein Haus in Fersig gebaut, wo die Wiege seiner Familie stand und sein Großvater ihm bereits im Alter von zehn Jahren die Imkerei beibrachte. Seine Bienen gehören für ihn zur Familie. Mit ihnen teilt er seine Tage und Nächte. Wenn er die Beuten öffnet und die Rahmen herausnimmt, ähnelt sein Umgang dem eines Vaters mit seinem Kleinsten.

Die Lastwagen mit den Beuten symbolisieren die Wanderimkerei Osteuropas. Ob auf Sattelschleppern wie die Profis, einfachen Kleintransportern oder Pferdefuhrwerken wie die Amateure: Die Wanderimker transportieren ihre Beuten entweder quer durchs Land oder nur ein paar Kilometer weiter. Die am besten ausgestatteten Fahrzeuge verfügen über Schlafkabinen und eine Küche, wo auch der Honig gewonnen wird. Die Beuten sind in mehreren Etagen beidseitig auf dem Sattelschlepper aufgereiht, mit einem Gang in der Mitte, von dem aus sie geöffnet werden können. Diese Anordnung ist nur durch das sanftmütige Wesen der Karpatenbienen möglich.

Dinu beginnt mit der Wanderimkerei zur Akazienblüte Mitte Mai in der Nähe der ungarischen Grenze. Zwei Wochen später kehrt er in die Maramuresch zurück, wenn Wildkirsche, Wiesenblumen und Süßgräser blühen, die jede auch noch so dürftige Weide in ein beeindruckendes Paradies verwandeln. Mitte Juni macht er sich in Richtung Süden auf, durchquert die weiten Ebenen der Mais- und Sonnenblumenfelder, bis nach Ciucurova am Donaudelta. Im größten Lindenwald Europas versammeln sich jeden Sommer Scharen von bunt zusammengewürfelten Imkern, Profis und Amateure, oft mit ihren ganzen Familien. Sie campen dort unter einfachen Bedingungen einen Monat lang, und zwar bis der Honig mit seinen Menthol-Aromen geerntet werden kann. Die meisten kennen sich und freuen sich über das Wiedersehen, der Zusammenhalt ist stark und die Tage vergehen friedlich.

Für viele rumänische Imker bestimmt die Wanderimkerei ihre Lebensweise – und ihre Lebenskunst. Die Beuten befinden sich an Bord der Lastwagen, manchmal mit Anhängern. Im Jahr 2008 wurden auf Dinus Lkw 120 Beuten transportiert.

Sechs Jahre später wurden die notdürftige Schlafkabine und Küche durch ein Wohnmobil ersetzt, und aus den 120 Völkern sind 260 geworden. Als Nachfahre von Imkern in der dritten Generation lebt Dinu in der Maramuresch und transportiert vier bis fünf Monate lang, von April bis August, seine Beuten quer durchs Land.

Die Region Maramuresch ist eine Augenweide und der lebende Beweis für die bäuerlichen Traditionen, wie es sie vor der Mechanisierung gab.

Mit Unterstützung seines 15-jährigen Sohnes hat Dinu in fünf Tagen vier Tonnen Lindenblütenhonig geerntet, vor sechs Jahren waren es noch zwei. Er setzt seine Wanderung fort zu den Sonnenblumenfeldern von Constanta am Schwarzen Meer, bevor er dann in die Maramuresch zurückkehrt, zur verspäteten Blüte des Japanischen Staudenknöterichs, einer sowohl äußerst invasiven als auch nektarreichen Pflanze. Sein Erfolg ist beispielhaft. Dafür dass er seinen Bienen durch ständige Pflege seine Zeit opfert (sein Bienenhaus ist nie ohne Aufsicht), konnte er sich neue Beuten, Lastwagen und Wohnmobil anschaffen und sein Haus bauen. Dennoch kommen bei Dinu Gedanken auf, die sein bisheriges Imkereimodell infrage stellen. Durch den EU-Beitritt Rumäniens 2007 verändert sich das Land immer schneller. Rumänische Felder ähneln noch immer denen der Großeltern und in den Bauernhäusern der Maramuresch wird das Wissen, wie man durch die Selbstversorgung unabhängig bleibt, immer noch weitergegeben, die Traditionen stets hochgehalten. Doch die Schilder an den Maisfeldern tragen die Namen der großen Saatguthersteller. Sehr misstrauisch sind die Imker auch, was die Sonnenblumenkulturen von Constanta anbelangt. Dinu denkt darüber nach, sich wieder einen kleineren Lastwagen zuzulegen, um seine Bienen an mehreren ausgesuchten Orten der Maramuresch zu verteilen, und keine so langen Fahrten mehr zu machen. Durch diese Entwicklung wird er die Anzahl seiner Völker ändern müssen – eine Kehrtwende, um mit einer Welt mitzuhalten, die sich mit schwindelerregender Geschwindigkeit verändert.

26-003-002233
26-003-002228

Die Suche nach Nektar hat Dinu in die Region Dobroudja an den Wald von Ciucurova geführt, der 20 000 Hektar Laubbäume umfasst und in dem drei Lindenarten vorkommen. Die Blütezeit beginnt mit der kleinblättrigen Winterlinde, gefolgt von der großblättrigen Sommerlinde. Sie gipfelt dann, bevor sie ganz abklingt, in der Blüte der Silberlinde.

Für diese Amateurimker, die nur mit ein paar Völkern gekommen sind, bedeutet Wanderimkerei so etwas wie Sommerferien. Der Honig wird mit einer Schleuder geerntet.

Dinu und Lorin beim Picknick neben den Beuten. Die Karpatenbiene ist für ihre Sanftmut bekannt, und so genügt ein etwas höherer Sonnenschirm, um Ruhe zu haben.

Die Zeit der Lindenblüten neigt sich ihrem Ende zu. Dinu und Lorin, ein Student, der ihm zur Hand geht, bereiten die Beuten für die Fahrt zum nächsten Wanderplatz vor. Erst mit Einbruch der Nacht, wenn die Sammlerinnen zurückgekehrt sind, werden sie verschlossen. Vor ihnen liegen 180 Kilometer Strecke bei einer Durchschnittsgeschwindigkeit von 40 km/h.

Januk wurde von Dinu angelernt, der den kleinen, zehnjährigen Jungen in einem Wald entdeckte, als er sich mit drei oder vier Beuten beschäftigte. Seither arbeiten sie zusammen. Um die 80 bunt bemalte Beuten hat Januk auf den Lkw gestellt, der den unterschiedlichen Blüten folgt, und weitere 40 auf die Wiese neben dem Haus seiner Großmutter.

Maria verkauft Karpatenbienenvölker, die wegen der unverfälschten Reinheit der Rasse geschätzt werden. Die traditionellen, aus Stroh und Weidenruten hergestellten Bienenkörbe sieht man in der Maramuresch immer seltener, wo alle Imker am 15. September, dem Tag des Kreuzes, den Honig ernten.

EL BRACHO

AN DEN QUELLEN DES NEKTARS

DER LAUF DES WASSERS

»Das Bienenhaus stand auf einer Wiese an einem Teich, im Schatten eines Wäldchens. Kaum im Gehölz, glaubte ich mich in einem Insektenparadies wiederzufinden. Das durchdringende Zirpen von Grillen und das Summen Tausender Sammlerinsekten, die in alle Richtungen flogen, empfing mich. Grashüpfer sprangen zwischen meinen Füßen auf und eine Hummel prallte gegen meine Stirn. Wir waren hierhergekommen, um im Paranà-Delta die Bienenvölker von Carlos abzuholen. Sie hatten hier den Winter verbracht und Carlos hatte sie bereits vor drei Wochen vorbereitet, indem er einige Kolonien aufteilte, um die Populationen im Gleichgewicht zu halten, und indem er neue Königinnen einsetzte.

Wir luden die Beuten auf den Tieflader des Pick-ups und nahmen die Straße zum Delta, an Sojafeldern entlang, die sich bis ins Endlose auszudehnen schienen. Ich war ergriffen von der Stille, die dort herrschte: Kein einziger singender Vogel, kein einziges Insekt. Die Landschaft war von der intensiven Landwirtschaft verschlungen und jede andere Lebensform war ausgelöscht worden – eine grüne Ödnis!«

Soja macht mehr als die Hälfte der bewirtschafteten Flächen Argentiniens aus. Es wird als Nutztierfutter in die Industrieländer exportiert. Das erfolgt über multinationale Konzerne, vorwiegend aus Nordamerika. Um die Finanzkrise im Jahr 2002 zu überstehen, setzte das Land auf Monokulturen von gentechnisch verändertem Soja – zulasten der Ökosysteme. Die neuen Sorten können ohne Bodenbearbeitung angebaut werden, sind anspruchslos und widerstandsfähig gegenüber Glyphosat. Durch die ausschließliche Verwendung dieses Herbizids entstehen jedoch Resistenzen bei den Unkräutern, die zum Ausbringen immer höherer Glyphosatmengen zwingen.

Das Land ist heute weltweit der größte Exporteur von Sojaöl und -mehl. Der Preis dafür ist die totale Abhängigkeit von Saatgutherstellern, die Verarmung der Böden, der Verfall der Biodiversität sowie massive gesundheitliche und soziale Probleme durch die Gewässerverseuchung. Im Königreich der Rinderzucht beansprucht Soja immer mehr Weideflächen und die Gauchos müssen ihre Tiere auf die Inseln im Paranà-Delta bringen, wo sie dann den Bienen den Platz streitig machen.

Am nächsten Tag um fünf Uhr morgens beginnt die Wanderung mit den Bienen. Auf dem Schiff von Carlos werden 160 Beuten unter mit Luftlöchern versehenen Planen transportiert. Zwei Stunden lang fährt die »Bracho« auf einem breiten Kanal durch das Delta.

Der Rio Paranà speist dieses innere Delta, das mehr als 20 000 Quadratkilometer umfasst und aus einer Vielzahl von Lagunen, Sümpfen und Inseln besteht, die gesäumt werden von Malven und Wasserhyazinthen, als Bienenweide dienenden Schwimmpflanzen. Auf dieser Fläche ist ein Mikroklima entstanden, in dem sich die subtropische Flora, die mit der Strömung vom brasilianischen Urwald hergebracht wurde, unter den Tierarten der Pampa ausbreiten konnte. Hier lebt eine ungeheure Vielfalt an Wassersäugern, Reptilien, Fischen, Vögeln, Hirschen und seit Kurzem auch Jaguaren.

In der Dämmerung schlägt die »Bracho« ihren Weg auf dem Kanal ein, der das Paranà-Delta durchquert. Dieses immense Wasserreservoir hat ein Mikroklima mit milden Temperaturen, sodass sich dort viele subtropische Pflanzen zu Hause fühlen.

Unser Lotse Pablo, der hier aufgewachsen ist, umfährt geschickt jede Sandbank und kennt jeden Zollbreit »seines« Deltas. Am Funkgerät sitzt Carlos, der Besitzer der Bienenvölker.

Das Gesumm unter den Planen wird stärker und die Töne werden höher. Bienen reagieren empfindlich auf die geringsten Vibrationen, die ja Teil ihrer subtilen Sprache sind, und ertragen das Motorengeräusch kaum. Die erste Insel, die das Boot anfährt, ist von den rosafarbenen und weißen Blüten des Knöterichs übersät, der wichtigsten Bienenweide des Deltas. Das Ausladen beginnt, und die gestressten Bienen gehen sofort zum Angriff über, kaum dass die Plane entfernt wird. Die Beuten sind schnell abgeladen. Wegen der Überschwemmungsgefahr – 2006 ertranken 20 000 Kühe und Carlos verlor 800 von seinen insgesamt 1200 Völkern – werden die Beuten mit ausgestreckten Armen auf Podesten installiert. Die Männer arbeiten in der brütenden Hitze, gehen von einer Insel zur nächsten und erfrischen sich mit großen Gläsern kühlen, verdünnten Biers, ohne dabei Maske und Schutzanzug abzulegen. Auf dem Rückweg hält die »Bracho« wieder an jedem der Bienenstöcke, um die Honigzargen aufzusetzen. Die Bienen haben mit ihrer Arbeit schon begonnen, überwältigt vom Nektarüberfluss dieses Orts.

Vom Delta zurück, durchquert der Pick-up endlose Felder gentechnisch veränderten Sojas, die ganz Argentinien überziehen und über die Hälfte der Anbauflächen beanspruchen.
Der massive Herbizideinsatz hat die kleinen Höfe der Bauern dezimiert, ihre Kulturen, bisweilen auch ihre Gesundheit und die ihrer Kinder ruiniert. Überall beherrschen nagelneue Silos das Landschaftsbild.

Fünf Monate lang, von November bis April, bieten die Inseln des Paranà-Deltas den Imkern Nektartrachten im Überfluss. Die Profis kaufen zu Saisonbeginn Schwärme und junge Königinnen ein, um die Bienenvölker rasch zu verstärken. Auf diese Weise erhoffen sie sich Ernten von 50 bis 80 Kilogramm Honig pro Volk. Sie ziehen jedoch nur im Delta umher, wenn die internationalen Honigpreise einigermaßen hoch sind, da nahezu der gesamte argentinische Honig nach Europa exportiert wird. Da er aber ausschließlich in den Händen von einigen Großhändlern landet, wird er unglücklicherweise unter der allgemeinen Bezeichnung »Honig aus Nicht-EU-Ländern« verkauft, sodass man ihn in Europa nicht von Honig aus China unterscheiden kann, dem er oft beigemischt wird, um dessen geringere Qualität zu verbessern.

Der Rio Paranà verdankt seine ockergelbe Farbe den Sedimenten, die er mit sich führt – etwa 200 Millionen Tonnen pro Jahr. Die sich regelmäßig bildenden Untiefen erschaffen unzählige Inseln, auf denen sich Wasserpflanzen einfinden, die mit ihren ineinander verschlungenen Wurzeln die Uferböschung zusammenhalten.

£3
£3
£3
£3
£3
£3
£3

Die »Bracho« läuft die erste Insel an, wo die Beuten von Hand abgeladen werden. Kaum ist die Plane entfernt, fliegen die von den Vibrationen des Motors gestressten Bienen in Scharen aus den Beuten, deren Fluglöcher wegen der Hitze offen sind.

Die Wanderung mit den Bienen findet in brütender Hitze statt. Da sie sehr aggressiv sind, müssen die Männer während der gesamten Dauer des Transports ihre Schutzanzüge tragen.

Alle Beuten von Carlos werden auf Podesten installiert. Trotz dieser Vorsichtsmaßnahme hat er drei Viertel seines Bestandes, fast 800 Völker, verloren, als im Jahr 2006 der Wasserpegel in wenigen Stunden um vier Meter anstieg und Hunderte von Inseln überschwemmte.

Vier Monate lang profitieren die Bienen von den Nektartrachten der »Fleur de Catay«, einer aus China stammenden Zierquittenart, die in diesem Ökosystem üppig vorkommt.

23

LA PLAYERA VI

DIE EXPERTIN

Dr. Margaret Couvillon
GROSSBRITANNIEN

MEINE LIEBE GILT DER BIODIVERSITÄT

Das Labor der Universität Sussex ist mit seltsamen lebenden Bildern dekoriert. Große Schauvitrinen sind an der Wand angebracht, in denen mehrere Tausend Bienen leben – unter ständiger Kamerabeobachtung. Aber was wird hier beobachtet?

Nach dem Zweiten Weltkrieg wurde eine neue Form der Landwirtschaft geboren. Zahlreiche Wiesen mussten weichen und damit verschwanden zuerst die Wildblumen, danach die Blumen, dann die Insekten – Bienen, Hummeln, Schmetterlinge, die von Nektar und Pollen leben. Es gab Projekte zum Schutz der Honigsammelplätze, zuerst durch die Schaffung natürlicher Schutzzonen, dann durch die Einführung einer Agrarlandschaft, die besser verträglich für die natürliche Flora und Fauna war. Auf letzteren Ansatz ließen sich dann die 1994 ins Leben gerufenen europäischen AES-Programme (Agri-Environment Schemes) ein und setzten sich besonders für den Erhalt von Brachen und Naturwiesen in der Nachbarschaft von Anbauflächen ein. Dafür wurden 41 Milliarden Euro aufgewendet. Das Problem ist jedoch, dass man zehn Jahre später, nachdem viel Geld geflossen ist, immer noch nicht weiß, bis zu welchem Punkt diese Programme Wirkung zeigen oder auch nicht.

Doch wie Nektar und Pollen sammeln, wenn man nicht kilometerlange Felder absuchen will? Dazu bräuchte es den Fleiß einer Ameise ... oder vielleicht einer Biene? Auf humorvolle Art kündigten die Wissenschaftler an, sie hätten Sammlerinnen anheuern können, die diese Arbeit übernehmen würden, und das auf sehr effiziente Weise. Auf ihrer Suche nach Nahrung könnten sie rund zehn Quadratkilometer bewältigen. Es seien mehrere Tausend, wobei jede eine Maschine im Miniformat sei, die Informationen sammelt, und die vor allem diese Informationen mittels Schwänzeltanz an ihre Schwestern übermittelt. Und schließlich kenne sie die Qualität des Nektars oder Pollens, da sie ihren Tanz sonst nicht vorführen würde.

Den Forschern blieb also nur, den Bienenstock auszuspionieren und die gesammelten Informationen zu entschlüsseln, um herauszufinden, wo sich die besten und im Umkehrschluss auch die schlechtesten Sammelplätze befinden. Dies war das Ziel einer Studie, die zwischen 2012 und 2014[1] durchgeführt wurde.

Auf dem Gelände der Universität Sussex wurden drei Testbeuten aufgestellt, die Flugöffnungen nach außen hatten, während durch im Labor eingerichtete verglaste Schaukästen die Kolonien beobachtet werden konnten.

Die Universität liegt zum Glück in der Nähe unterschiedlicher Ökosysteme. Darunter befinden sich das Stadtgebiet von Brighton, einige Agrarflächen mit konventionellem Anbau, der Nationalpark Castel Hill, das Naturreservat Ditchling Beacon, mehrere AES-Zonen sowie verschiedene andere, die nach einem europäischen agrar-ökologischen Programm bewirtschaftet werden (*Organic Entry Level Stewardships*).

In zwei Jahren wurden 5484 Schwänzeltänze gefilmt und die Sammlerinnen hatten insgesamt eine Fläche von 94 Quadratkilometern abgesucht. Eine Schwierigkeit bestand für die Forscher darin, die »echte« Qualität der von den Bienen kommunizierten Nahrungsquellen herauszufinden, da Entfernung ihren Enthusiasmus beim Tanz dämpfte. Eine reiche Nektar- oder Pollenquelle, die weit von der Beute entfernt war, wurde mit weniger Begeisterung vorgetanzt als eine mittelmäßige Nahrungsquelle in unmittelbarer Nähe. Die Daten wurden also auf die Flugdistanz hin gewichtet – eine Premiere bei einer derartigen Studie.

Die Bienen brachten ganz deutlich ihre Vorlieben zum Ausdruck, wobei die einzelnen Sammelplätze sehr unterschiedlich abschnitten. Den ersten und zweiten Platz belegten der Nationalpark Castle Hill und das Naturreservat Ditchling Beacon. Außerdem zeigten die Bienen eine ausgeprägte Vorliebe für die Zonen des AES-Projektes. Hingegen hatten sie kein Interesse an den urbanen Gebieten, den Agrarflächen mit konventionellem Anbau und seltsamerweise an den Gebieten des *Organic-Stewardship*-Programms[2].

Was sagt uns diese Wahl der Bienen? Sie bevorzugen Sammelplätze in einer Umgebung mit abwechslungsreicher natürlicher Flora und vielen Schmetterlingen – Castle Hill und Ditchling Beacon. Dies zeigt die Richtigkeit der Studie im Hinblick auf andere bestäubende Insekten und bestätigt die Bedeutung natürlicher Schutzzonen. Die Bienen zeigten auch eine Vorliebe für die AES-Zonen, was beweist, dass das Geld für den Schutz unberührter Gebiete gut angelegt ist.

Und schließlich folgern die Autoren daraus, »dass die Beobachtung des Schwänzeltanzes auch für andere Studien genutzt werden könne, die sich mit den Auswirkungen von Großprojekten auf die Umwelt befassen, um die Qualität der gefährdeten Flächen zu ermitteln. Unsere Methode gibt den Umweltberatern ein neues Werkzeug an die Hand: Es genügt, den Bienen zuzuhören.«

Margaret Couvillon stammt ursprünglich aus Louisiana. Sie hat an der Universität Sheffield (England) die Erkennungsmechanismen unter stachellosen Bienenvölkern und *Apis mellifera* erforscht und dann an der Universität Arizona die Biologie der Hummeln (*Bombus impatiens*).

Nach ihrer Doktorarbeit forschte sie an der Universität Sussex, wo sie das Labor für Bienenzucht und soziale Insekten übernahm. Sie arbeitet zusammen mit Professor Francis Ratnieks an einem Programm, das sich der Gesundheit von Bienen widmet.

Ihre Forschungsarbeit konzentriert sich auf die Entschlüsselung des Schwänzeltanzes, um die Umweltqualität der englischen Landschaften zu beurteilen.

1) Dancing bees communicate a foraging preference for rural lands in high-level Agri-Environment Schemes – Margaret J. Couvillon, Roger Schürch und Francis L. W. Ratnieks (Current Biology, Juni 2014).

2) Die Studie betont, dass Bienenweiden, wenn sie im Zuge des Programms vorgesehen sind, in der ersten Zeit regelmäßig abgemäht werden, um das Auftreten unerwünschter Pflanzen zu verhindern.

SELTEN UND WERTVOLL

NEPAL

AUSTRALIEN

NEUSEELAND

TÜRKEI

NEPAL

In 20 Kilometer Entfernung vom Mount Everest, an den Felswänden, die sich inmitten von Rhododendron-Wäldern befinden, gibt es kein Zeitgefühl mehr. Diese fantastische Szene hat sich seit 10 000 Jahren, als die ersten Honigsammler den wilden Bienenvölkern gegenüberstanden, nicht verändert.

Bolo Kesher Rai steigt die Leiter aus Bambusfasern hinauf, eingehüllt in eine Wolke aus wütenden Bienen. Das Feuer, das am Fuß der Felswand entzündet wurde, hat den Angriff aller Völker ausgelöst. Der *Perengge* (derjenige, der die Felswände hinaufklettert, um den Honig zu sammeln) hat sein Wissen von seinem Vater übernommen, der die heiligen Gesänge wiederum von seinem Vater erlernt hat.

Vier Männer wechseln sich dabei ab, die Leiter zu halten und sie von einem Nest zum anderen mitzunehmen. Bolo Kesher verbringt über vier Stunden zwischen Himmel und Erde. Gesicht, Füße und Hände sind ungeschützt. Er sichert sich an der Leiter, wenn er mit den langen Bambusstangen hantiert, um den Korb unter das Nest zu halten und es cann abzuschneiden.

Nachdem der Korb in einen großen Metallbehälter entleert wurde, entfernen die Männer die verklebten Bienen und pressen die vor Honig triefenden Waben durch ein Tuch. Die auf der restlichen Wabe festklebenden Bienen füllen ihren Magen mit Honig, um die Zerstörung ihres Nestes zu überleben.

Apis laboriosa, die Riesenbiene aus dem Himalaja, wurde bis in 4000 Metern Höhe gesichtet. Ihr Nest besteht aus einer einzigen Wabe, die bis zu zwei Meter lang sein kann. Sie produziert einen giftigen Honig aus Rhododendron, der jedoch wegen seiner therapeutischen Eigenschaften geschätzt wird. Er war das erste Medikament für Mensch und Tier in dieser Region, in der es keine Straßen gibt. Durch die Abholzung der Wälder ist die Biene heute bedroht.

AUSTRALIEN
In den Blue Mountains im Westen Sydneys zeigt uns Tim Malfroy eine Warré-Beute, die kleiner ist als die gebräuchlicheren Dadant-Beuten. Die Bienen bauen hier selbst die Waben aus Wachs und ketten sich dazu auf. Bei dieser Art der Imkerei arbeitet man mit reinem und ursprünglichem Wachs, um jegliche Rückstände von Pestiziden zu vermeiden.

Tim ist ständig auf der Suche nach den besten Standorten für seine Warré-Beuten. Im Gegensatz zu anderen Imkern lässt er seine Beuten immer an den gleichen Standorten, die sowohl Wasser als auch biologische Vielfalt bieten, sodass seine Bienen die ganze Saison über Nahrung finden.

Ein Rähmchen mit Brut (unten) und Honig (oben). Warré-Beuten machen nur wenig Arbeit und sind vor allem auf dem Gebiet der Permakultur gebräuchlich, die derzeit an der Ostküste sehr populär ist.

Bernhard Koch konstruiert die Beuten von Tim Malfroy in seiner Werkstatt in den Blue Mountains. Die Bienen bestäuben das Gemüse und Obst, das Bernhard auf seinem hochgelegenen Hof in Permakultur anbaut.

Tim Malfroy verkauft den Honig in den Rähmchen, eine Besonderheit, die seinen Erfolg ausmacht. Die parallel verlaufenden Waben der Honigbiene *Apis mellifera* sind das Resultat der besonders weit fortgeschrittenen Evolution dieser Art. Sie ist die biologisch am weitesten entwickelte der ganzen Gattung *Apis*. In dieser Wachskonstruktion, die die Bienen mithilfe ihrer Wachsdrüsen herstellen, können große Nahrungsvorräte eingelagert werden. Außerdem dient sie auf einzigartige Weise der Wärmeregulierung.

TOYOTA
ZB9364

NEUSEELAND
Für die Maori-Imker am Cap Runaway im Nordosten der Insel ist die Erntezeit angebrochen. Hier konnten zwei Stämme ihre Tausende von Hektar großen Ländereien bewahren, wo die *Manuka*, die Südseemyrte blüht. Obwohl der Baum hier überall zu finden ist, ist doch das Buschland schwer zugänglich, sodass gute Bienenstandorte selten und hart umkämpft sind.

Norman Parata und sein Neffe begrüßen sich mit dem traditionellen *Hongi*. Der Erfolg der Maori-Imker ließ an dieser Küste, an der 95 Prozent der Einheimischen von staatlichen Zuwendungen leben, einen Funken Hoffnung aufkeimen. Aus Maori-Geldern ist die Imkerei-Gesellschaft entstanden und auf dem Land der Ahnen finden die Bienen ihre Nahrung.

Biene beim Nektarsammeln auf einer Manukablüte. Professor Peter Molan von der Universität Waikato führte 1998 Forschungen durch, die gezeigt haben, dass Manuka-Honig antiseptische, entzündungshemmende und wundheilende Eigenschaften besitzt. Sie werden durch Punkte auf der »UMF-Skala« (Unique Manuka Factor, der von 0 bis 16 Punkten reicht) dargestellt. Unterhalb von zehn UMF-Punkten darf der Honig nicht die Bezeichnung *Active Manuka Honey* tragen.

SELTEN UND WERTVOLL

DER HONIG DES GOLDENEN VLIESES

»Ich bin von Rize aus gestartet, einer kleinen Stadt am Schwarzen Meer, wo meine Dolmetscherin lebte. Wir ließen bei strahlendem Sonnenschein die Türkei hinter uns, die sich mit ihren vielen nicht fertiggestellten Häusern auf dem Weg der Urbanisierung befindet, und machten uns auf den Weg in ein Flusstal, dessen Hänge mit Teepflanzen bewachsen waren. Nach nur zwanzig Kilometern hatte sich das Klima vollkommen geändert. Der Himmel war bedeckt und es hatte angefangen zu regnen. Wir passierten die ersten Steinbrücken und erblickten 300 bis 400 Meter oberhalb der Straße, die beeindruckende Höhenunterschiede überwand, die traditionellen Holz- und Steinhäuser. Als wir das Dorf Camlihemsin passiert hatten, das völlig verlassen in einem dunklen Teil des Tals liegt, fuhren wir im Gebirge weiter in Richtung des Berges Kashkar, immer begleitet vom allgegenwärtigen Getöse des Wassers, bis wir den Nationalpark Milli erreicht hatten. Dort erwartete uns Mustafa an der Tür zu seinem Sommerrestaurant, zu dem man nur über eine das Wildwasser überspannende Brücke gelangt. Es herrschte ein Halbdunkel, der Nebel stieg vom Fluss auf und hüllte den ganzen Wald ein. Wir waren in einer anderen Welt. Mit der den Muslimen eigenen Gastfreundschaft lud uns Mustafa zum Mittagessen ein. Es gab ein Käsefondue mit Brotstücken. Dann trat ein junger Mann ein und fing an, Dudelsack zu spielen … Ich war äußerst überrascht von dieser Welt, die nicht im Geringsten meiner Vorstellung der Türkei entsprach.«

Wie viele hier hat auch Mustafa mehrere Berufe. Mit seinen 65 Jahren besitzt er außer dem Restaurant und der angrenzenden Fischzucht ein Unternehmen für Baumaterialien, eine Teeplantage, Obstbäume und mehrere Bienenvölker. Sein Charakter spiegelt die Rauheit der Berge und die Großzügigkeit der Lasen. Dieses einzigartige Volk, das seit 4000 Jahren hier lebt, hat sich seine traditionellen, in der ganzen Türkei bekannten Gesänge bewahrt. Es besitzt einen starken Sinn für Unabhängigkeit und spricht eine kaukasische Sprache, das Lasisch. Wir befinden uns im äußersten Osten des Landes, im ehemaligen Lazistan. Diese Gebirgskette, die das Schwarze Meer flankiert, liegt genau zwischen der Türkei und Georgien und war einst eine Provinz des Königreichs Kolchis. Hier suchte Jason das Goldene Vlies.

Die Region war immer schon für ihre Fruchtbarkeit bekannt. Es regnet die ganze Saison über und das subtropische Klima ermöglicht den Anbau von Mais, Reis, Tee, Gemüse und zahlreichen Obstsorten. Überall dienen kleine Seilbahnen dazu, die Waren entlang der steilen Abhänge zu transportieren, die bewaldet sind mit Eichen, Buchen, Kastanien, Tannen und Erlen. Die hochgelegenen Weiden mit ihren 530 Pflanzenarten bieten im Sommer reiche Nahrung für Rinder und Bienen. Dennoch verlassen immer mehr Menschen diese Gegend. Die Bevölkerungszahl im Firtina-Tal (Türkisch für »Unwetter«), das Mustafa bewohnt, ging zwischen 1965 und 2014 von elf auf sechs Millionen zurück, und das Durchschnittsalter der Bewohner liegt heute bei 60 Jahren. Wie die bäuerliche Lebensweise fiel auch die Imkerei der Modernisierung zum Opfer. Nur selten sieht man außer den Magazinbeuten, den *Tecknickovan*, noch die traditionellen *Karakovan* oder schwarzen Beuten, die, um sie vor Bären zu schützen, auf Bäumen in 10 bis 15 Metern Höhe installiert werden.

Die Ende des 19. Jahrhunderts an den steilen Hängen der Region Rize erbauten Häuser zeugen von dem Wohlstand, zu dem die Lasen einst in Russland gekommen waren.

Im Kanton Camilhemsin herrscht ein subtropisches Klima, das den biologischen Anbau von qualitativ hochwertigem Tee begünstigt. Am meisten begehrt ist der weiße Tee. Er wird Blatt für Blatt von Hand gepflückt.

Der *Karakovan*-Honig ist nach wie vor äußerst begehrt. Am häufigsten wird er in runden Wabenscheiben verkauft. Dann kann er bis zu 100,– € pro Kilo einbringen, im Vergleich zu den 20,– € für Honig aus normalen Waben. Das Auftreten der Varroamilbe[1] hat jedoch auch die Baumbeuten dezimiert. Und die Imkerei selbst hat sich verändert: Die Beuten überall im Tal wurden früher eine nach der anderen auf natürliche Weise durch Bienenschwärme besiedelt. Bei dieser Art der Imkerei kann man weder die Geburt junger Königinnen kontrollieren noch Honigräume aufsetzen. Heute müssen sich die Besitzer traditioneller Beuten selbst Schwärme besorgen, um sie im Frühjahr zu füllen. Mustafa besitzt davon noch rund zehn Stück außer seinen 50 Magazinbeuten, die mit Elektrozaun gegen die gefräßigen Bären gesichert sind. Ende Juli erklimmt er, ausgestattet mit einem großen Korb, einem Smoker und einem Holzspaten, den er von seinem Großvater geerbt hat, die Ziegenpfade, die quer durch den Wald und die Rhododendron-Dickichte führen. Dabei wird er nur von seinem großen Hütehund begleitet. Für die Honigernte wird Mustafa zum Balancierkünstler. Nur primitive Leitern oder einfache Holzplattformen stehen ihm als Hilfsmittel zur Verfügung, um an die Beuten zu kommen. Zum Glück sind die kaukasischen Bienen nicht sehr aggressiv und geben ihre goldenen Waben gern heraus.

1) Die Varroamilbe ist eine aus Südostasien stammende Milbenart, die auf der ganzen Welt für Schäden und das Sterben zahlreicher Bienenvölker verantwortlich ist.

In der Nähe des Dorfes Senyuva inspiziert der 63-jährige Atila Guneri seine in einer Buche installierten Magazinbeuten. Ganz oben am Stamm befindet sich eine *Karakovan*-Beute. Obwohl es ihm heute Mühe bereitet bis in die Baumwipfel zu klettern, hat Atila um der Tradition willen fünf davon behalten.

Trotz seiner 65 Jahre beeindruckt Mustafa Memoglu immer noch durch seine Kletterkünste, wenn er seine Baumbeuten inspiziert, die hoch oben in Buchen oder Tannen festgemacht sind, damit die honigbegeisterten Bären sie nicht erreichen können.

Die *Karakovan*-Bienen stellen ihre Wachswaben selbst her: Sie werden von oben nach unten gebaut und weisen unregelmäßige, dreieckige oder runde Formen auf.

Die Beuten werden aus hohlen Linden- oder Kastanienstämmen geschnitten und mit Brettern verschlossen. Mehrere Fluglöcher ermöglichen den Ein- und Ausflug.

Dieses Bienenhaus erzählt von der Imkertradition des ehemaligen Lazistan. Hier trifft man sich immer noch, um über die Jagd, über die Bienen und den Fischfang zu plaudern.

Die Imkerei fällt nicht in den alleinigen Zuständigkeitsbereich der Männer. Diese beiden Frauen aus dem Dorf Ayder ernten die Rahmen ihrer 60 eigenen Beuten.

Der Honig wird im wenige Meter vom Bienenhaus entfernten Honighaus von Hand geschleudert. Die Bienenstöcke befinden sich in geschützter Lage unter Bäumen und sind von Teeplantagen umgeben. Für die in der Region immer noch zahlreich vorkommenden Bären – ihre Zahl in der Türkei wird auf drei bis fünf Millionen geschätzt – sind die Beuten ein Objekt der Begierde. Sie werden deshalb oft durch Elektrozäune geschützt.

Nach der Ernte machen sich die Frauen mit ihrem Honig an den Abstieg zurück ins Dorf Ayder. Dazu benutzen sie die alten Seilbahnen, das Wahrzeichen der Steilhänge. In ihrem Dorfladen verkaufen sie den Honig an Touristen.

Der sehr geschätzte Honig aus den *Karakovan*-Waben wird Ende Juli geerntet. Er weist Aromen von Kastanie, Brombeere und Rhododendron auf, der aus der Hochebene auch Wiesenkräuteraromen. Trotz der einzigartigen Flora ist der Ertrag der Bienen aus der Hochebene eher zufallsbedingt. Schuld daran sind das raue Klima und die starken Regenfälle. 2012 lag der Ertrag bei 1,5 Tonnen Honig, im darauffolgenden Jahr waren es nur 300 Kilogramm. Ende April bringen die Imker die Beuten nach oben und Ende August wieder zurück in die Täler. Sie alle stammen aus der Hochebene und dulden dort keinen anderen Imker.

Kleine Honigproduzenten verkaufen ihren Honig direkt am Straßenrand. Diejenigen mit mehr Beuten schicken ihn nach Istanbul. Das Feinkostgeschäft Cankurtaran Gida im Herzen des Gewürzmarktes bietet ein breites Spektrum an Wabenhonig sowie seltene Sorten an. Der Honig aus der Region Rize ist bekannt für seine Qualität. Im Laden Eta Bal in Kadiköy auf der asiatischen Seite Istanbuls ist er als Spezialität zu bekommen.

Der 61-jährige Peter Bartlett ist passionierter Biologe, seit 15 Jahren Fährtenleser bei Tierdokumentarfilmen und ein großer Beobachter der Honigameisen. Peter ist mit einer Aborigine verheiratet und hat 20 Jahre lang mit dem Volk seiner Frau im Busch gelebt.

Die größte Gefahr für die Nester sind die Überschwemmungen, die nach Unwettern in den Ebenen auftreten. Er erzählt: »Von den Arbeiterinnen werden die Vorratsameisen dann in Kammern verlegt, die näher an der Erdoberfläche liegen. In der Umgebung der Honigameisennester leben noch andere, sehr aggressive Ameisenarten, darunter die kleinste mit einer Länge von nicht einmal einem Millimeter. Geheimnisvollerweise greifen sie die Kolonien der Honigameisen nicht an.« Dieses Phänomen führt er auf die erhöhte Konzentration von Ameisensäure um das Nest herum zurück. Genau wie andere Arten markieren die Honigameisen die Wege, die durch ihr Territorium führen, mit dieser Säure und überziehen damit ebenfalls die Wände. »Ich glaube, die Nester sind mit dieser Säure getränkt, was andere Ameisenarten abhält. Das Wissen der Aborigines untermauert diese Hypothese: Die Frauen spüren die Kolonien der Honigameisen anhand der Orangefärbung der Erde auf, die von Ameisensäure durchtränkt ist.«

Die Frauen bewegen sich in einer Gluthitze und verscheuchen mit den Händen die Mücken, die sich auf den schweißnassen Gesichtern, in den Augen, auf dem Mund niederlassen. Dabei weichen sie den Netzen von giftigen Spinnen aus. Audrey, eine von ihnen, sammelt winzige rote Früchte, wilde Tomaten. »Man kann sie frisch und auch getrocknet essen. Sie sind weich und vitaminreich. Es gibt auch Getreide, wie zum Beispiel diese Pflanze mit den winzigen Körnern.«

Plötzlich schleudert Audrey ihren Stab auf ein Gebüsch, rennt los, als ob sie noch ein junges Mädchen wäre, sammelt unterwegs ihre Waffe wieder ein, um dann ein paar Meter weiter hektisch im Boden zu graben. Voller Freude schwenkt sie eine Echse in der Luft und tötet sie mit einem kräftigen Schlag. Die Kinder kommen angerannt, ihre Augen strahlen vor Aufregung.

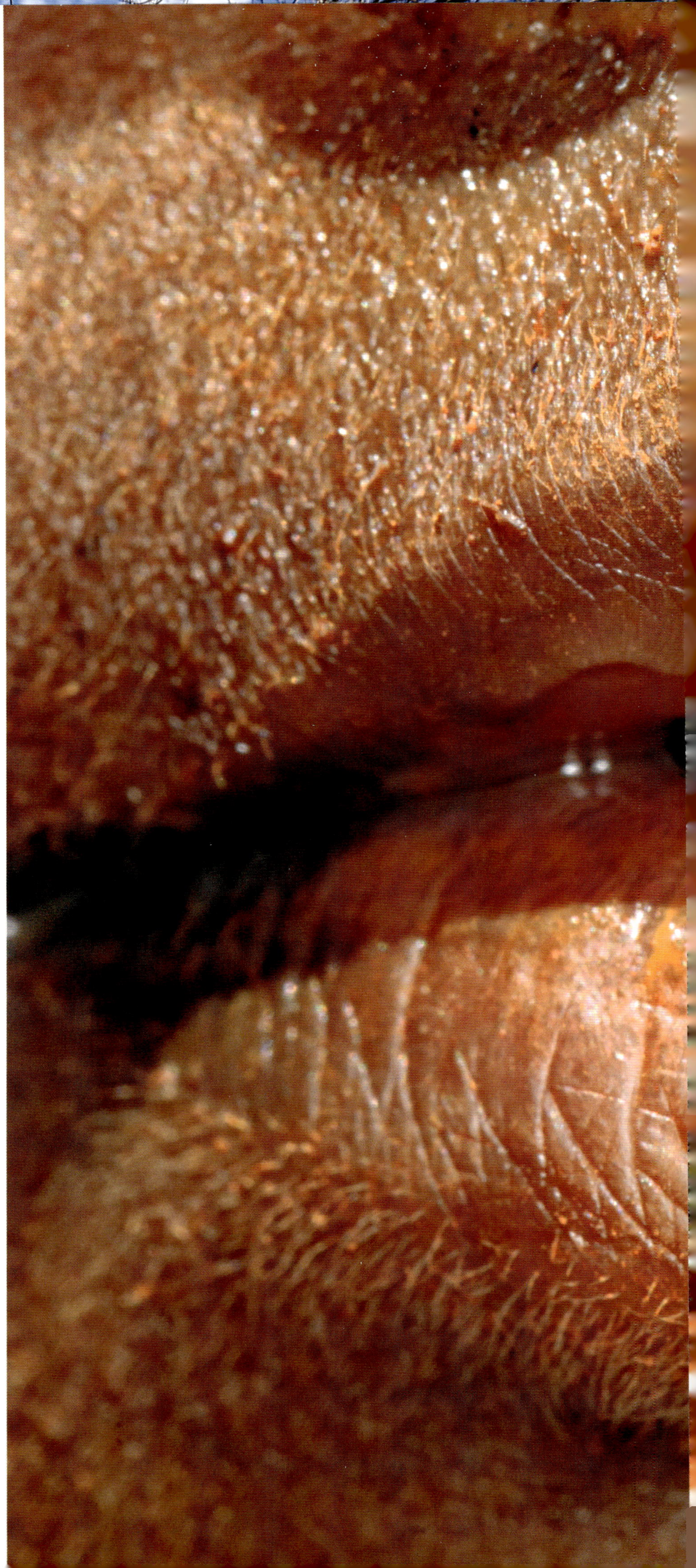

Eine Honigtopfameise im Mund eines Kindes. Ein erlesener Leckerbissen, überraschend in seiner Süße und dem feinen Geschmack.

SELTEN UND WERTVOLL

TRAUMHAFTE AMEISEN

Der lange Metallschaft dringt in den roten Wüstenboden ein und gräbt sich weiter in den Tunnel, der zu den Kammern der »Honigtopfameisen« führt. Sobald Audrey den Hohlraum ausfindig gemacht hat, tauscht sie ihre Grabschaufel gegen einen dünnen Zweig und zieht damit etwa 20 vom Honigtau angeschwollene Ameisen heraus. Sie wiederholt den Vorgang in der unerträglichen Hitze, bis sie um die 100 dieser Vorratsameisen mit ihren angeschwollenen Hinterleibern in ihrem Behältnis hat.

Wenn man von Honigameisen spricht, muss man beim Mulga-Baum (*Acacia aneura*) anfangen. Diese dornenlose Akazie ist wegen ihrer langen Lebensdauer – fast 300 Jahre, das macht sie zu einem heiligen Baum – und ihrer Überlebensstrategien bemerkenswert, die sie entwickelt hat, um in Wüstengebieten zu gedeihen. Zum Beispiel in Alice Springs, wo auch Audrey lebt und wo nur 50 bis 100 Millimeter Niederschläge pro Jahr gemessen werden! Die dicke Borke des Baumes mit ihrem hohen Ölgehalt ist mit Härchen überzogen, um die Verdunstung zu verringern. Dank der Form der Blätter und Äste wird das Regenwasser zum Stamm geleitet. In der Trockenzeit fallen die Blätter ab und bilden eine Laubschicht, die die Feuchtigkeit im Boden bewahrt und Nährstoffe liefert. Die Wurzeln schließlich bohren sich tief in die Erde, um dort ans Wasser zu gelangen, und sie beherbergen Bakterien, die Luftstickstoff binden.

Der Mulga-Baum beherbergt winzig kleine Zikaden, die sich von seinem Saft ernähren. Um ihre Larven zu ernähren und sie vor Räubern zu schützen, versorgen sie sie mit rubinrotem Honigtau[1]. Diesen verdünnen die Aborigines mit Wasser und nehmen ihn als Süßgetränk zu sich. Wenn im australischen Winter die Honigtauproduktion auf Hochtouren läuft, rinnt dieser an den Ästen des Baumes entlang. Das ist der Zeitpunkt, an dem sich die Honigameisen an die Ernte machen.

Unterschiedliche Arten von Honigameisen gibt es in Nordamerika, Südafrika, Neuguinea und Neukaledonien. In der Zentralwüste Australiens lebt die Art *Melophorus bagoti*. Wie viele im Busch lebende Tiere ist auch diese Ameise nachtaktiv, um der am Tag herrschenden Gluthitze von rund 50 °C zu entfliehen. Die Honigameise der Wüste macht sich gern rar. Außer ab und zu in der Dämmerung bekommt man nur selten Soldatinnen oder Arbeiterinnen zu Gesicht.

1) Honigtau ist eine zähe und süße Flüssigkeit, die von bestimmten Insekten – vor allem Blattläusen – abgegeben wird. Auch die Bienen nutzen ihn als Ergänzung zum Nektar, wenn sie die verschiedenen Waldhonigsorten, etwa von Tanne und Eiche, herstellen.

Die Nesteingänge sind versteckt, im Gegensatz zu denen anderer in der Nähe lebender Ameisen. So »umzäunt« die Mulgo-Ameise ihr Nest mit Ästen und Blättern und macht es so zu einem erstaunlichen Kunstwerk.

Das Nest der Honigameisen besitzt bis zu sechs Eingänge, die über einen Meter tief in die harte Erde gegraben werden. Der vertikal verlaufende Hauptgang führt in die Vorratskammern für den Honigtau. Dort speichern Vorratsameisen den Honig in ihrem angeschwollenen Körper und geben ihn an Arbeiterinnen ab, wenn diese ihre Antennen reiben. Daraufhin öffnet die »Honigtopfameise« ihre Mundwerkzeuge und entlässt einen Tropfen Honigtau.

Frauen und Kinder beteiligen sich an der Ernte der Honigtopfameisen (*Melophorus bagoti*). Bestimmte Arbeiterinnen, die sich in einer Kammer des Ameisenbaus versammeln, lagern in ihrem stark dehnbaren Magen den auf dem Mulga-Baum geernteten Honigtau ein und geben ihn als Nahrung für die anderen Ameisen wieder ab.

Der 61-jährige Peter Bartlett ist passionierter Biologe, seit 15 Jahren Fährtenleser bei Tierdokumentarfilmen und ein großer Beobachter der Honigameisen. Peter ist mit einer Aborigine verheiratet und hat 20 Jahre lang mit dem Volk seiner Frau im Busch gelebt.

Die größte Gefahr für die Nester sind die Überschwemmungen, die nach Unwettern in den Ebenen auftreten. Er erzählt: »Von den Arbeiterinnen werden die Vorratsameisen dann in Kammern verlegt, die näher an der Erdoberfläche liegen. In der Umgebung der Honigameisennester leben noch andere, sehr aggressive Ameisenarten, darunter die kleinste mit einer Länge von nicht einmal einem Millimeter. Geheimnisvollerweise greifen sie die Kolonien der Honigameisen nicht an.« Dieses Phänomen führt er auf die erhöhte Konzentration von Ameisensäure um das Nest herum zurück. Genau wie andere Arten markieren die Honigameisen die Wege, die durch ihr Territorium führen, mit dieser Säure und überziehen damit ebenfalls die Wände. »Ich glaube, die Nester sind mit dieser Säure getränkt, was andere Ameisenarten abhält. Das Wissen der Aborigines untermauert diese Hypothese: Die Frauen spüren die Kolonien der Honigameisen anhand der Orangefärbung der Erde auf, die von Ameisensäure durchtränkt ist.«

Die Frauen bewegen sich in einer Gluthitze und verscheuchen mit den Händen die Mücken, die sich auf den schweißnassen Gesichtern, in den Augen, auf dem Mund niederlassen. Dabei weichen sie den Netzen von giftigen Spinnen aus. Audrey, eine von ihnen, sammelt winzige rote Früchte, wilde Tomaten. »Man kann sie frisch und auch getrocknet essen. Sie sind weich und vitaminreich. Es gibt auch Getreide, wie zum Beispiel diese Pflanze mit den winzigen Körnern.«

Plötzlich schleudert Audrey ihren Stab auf ein Gebüsch, rennt los, als ob sie noch ein junges Mädchen wäre, sammelt unterwegs ihre Waffe wieder ein, um dann ein paar Meter weiter hektisch im Boden zu graben. Voller Freude schwenkt sie eine Echse in der Luft und tötet sie mit einem kräftigen Schlag. Die Kinder kommen angerannt, ihre Augen strahlen vor Aufregung.

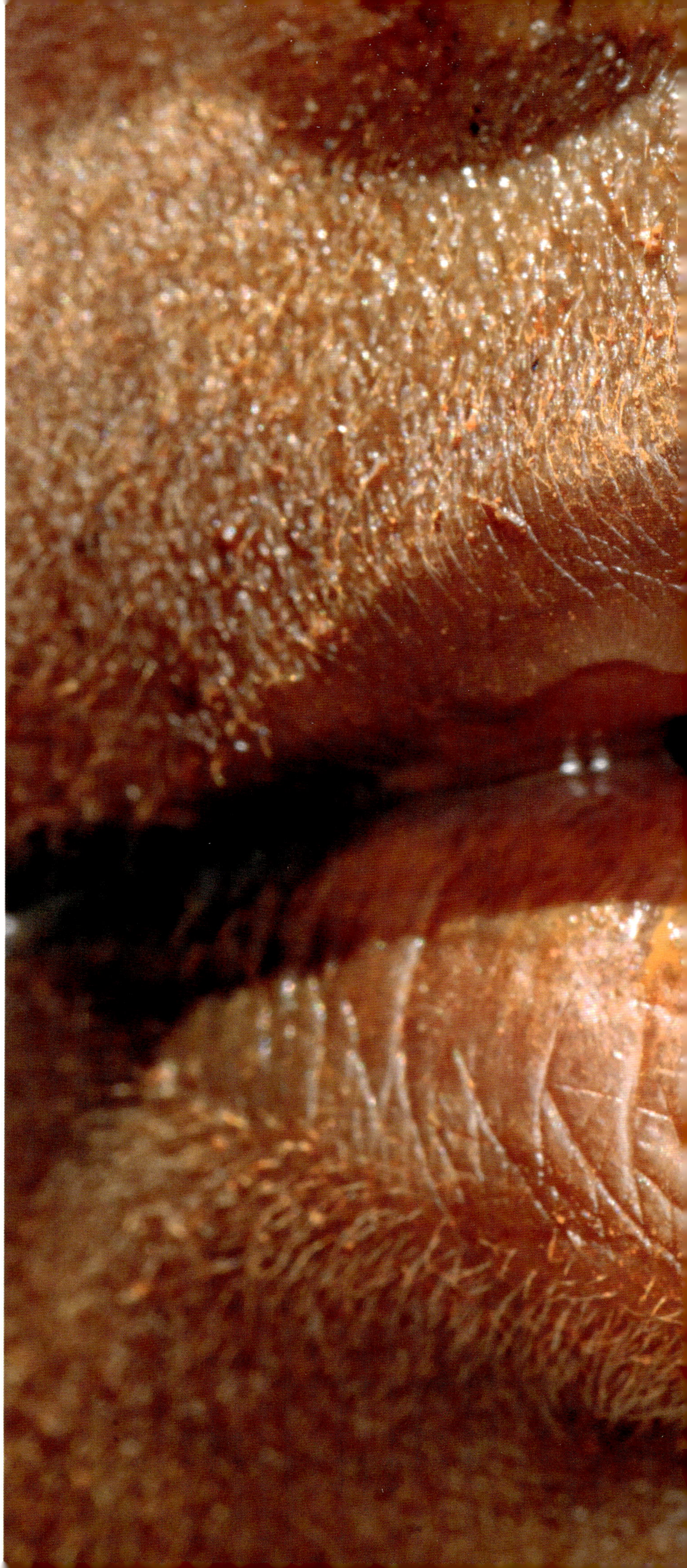

Eine Honigtopfameise im Mund eines Kindes. Ein erlesener Leckerbissen, überraschend in seiner Süße und dem feinen Geschmack.

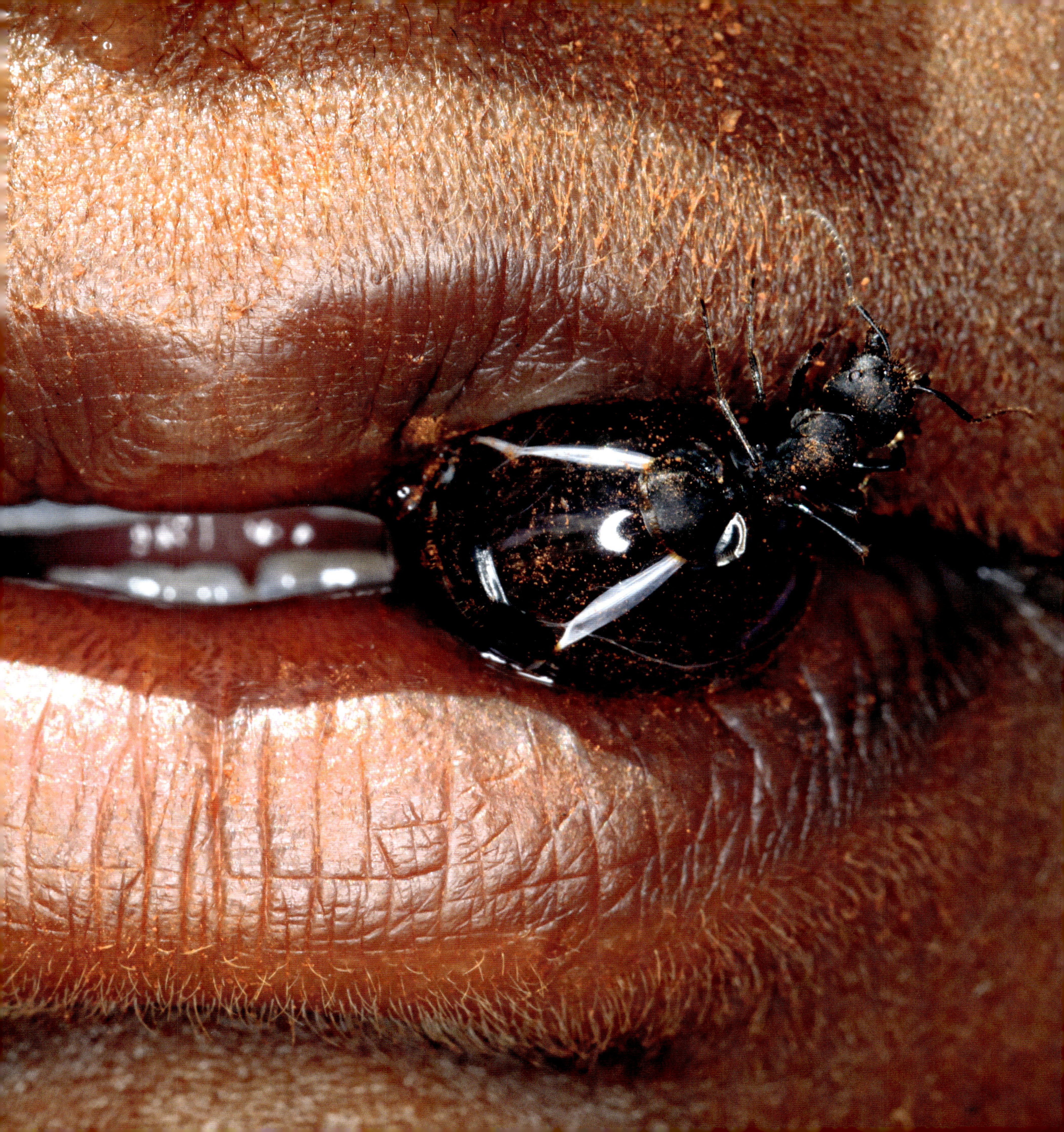

Die 59-jährige Audrey Martin benutzt einen Grabstock, um die Kammer mit den Honigameisen aufzuspüren. Zuvor hat sie den größten Teil der roten Erde, die den Ameisenhaufen verbirgt, mit einer Schaufel beiseite geschafft. Jetzt muss sie noch die Kammer finden, indem sie dem Eingangstunnel folgt, der vertikal ins Erdinnere verläuft und bis zu einen Meter lang ist.

Mit dem früher aus Akazienholz, heute aus Metall hergestellten Grabstock wird das Erdreich umgegraben, um Honigameisen und Knollen aufzuspüren. Er dient aber auch bei der Jagd auf kleine Tiere als Wurfgeschoss. Die Aborigines konnten in dieser kargen Wildnis nur überleben, weil sie wussten, welche Pflanzen essbar waren – Getreide, Früchte, Nüsse und Knollen. Bis die Europäer auftauchten, waren 70 Prozent ihrer Nahrung pflanzlichen Ursprungs und keine Nahrungsquelle wurde ausgelassen. Das ist das Gesetz der Wüste. So konnten weder ihr Alter noch 40 °C Hitze Audrey davon abhalten, die Eidechse mit verblüffender Geschicklichkeit zu erlegen.

Die Kinder helfen beim Aufspüren der Honigameisen. Diese verraten sich am Fuß der Mulga-Bäume durch die charakteristischen gelben Streifen der Arbeiterinnen, vor allem aber durch den orangefarbenen Boden rund um den Ameisenbau. Die Farbe entsteht durch die Ameisensäure, mit der die Tiere das Nest und die Umgebung benetzen, wahrscheinlich um die Kolonie vor Feinden zu schützen. Trotz ihrer kräftigen Mundwerkzeuge hat die Honigameise einen friedlichen Charakter.

Arbeiterinnen umhegen die mit ihren Vorderbeinen an Decke und Wänden festgeklammerten Vorratsameisen. Dann betasten die Arbeiterinnen die Antennen der Honigtöpfe. Diese geben sogleich einen Tropfen Honigtau ab. Die Vorratsameisen bekommen auch Besuch von anderen Arbeiterinnen, die sich mittels der sogenannten Trophallaxis füttern lassen, der direkten Futterübergabe von einem Tier zum anderen.

DIE EXPERTIN

Dr. Alexandra Henrion-Caude
FRANKREICH

Alexandra Henrion-Caude, Genetikerin, ist Forschungsleiterin am Inserm (Institut national de la santé et de la recherche médicale), wo sie den genetischen Ursprung bestimmter Erkrankungen untersucht.

In den vergangenen 20 Jahren hat sie über 50 Artikel in internationalen wissenschaftlichen Fachzeitschriften veröffentlicht und aktive Kooperationsnetzwerke zwischen rund 15 europäischen Kliniken ins Leben gerufen. Sie wurde zu mehreren Nobelpreisträgern eingeladen, um den Stand der Genetik darzulegen und über die Herausforderungen von morgen nachzudenken. Sie interessiert sich für Lösungen für eine nachhaltige Gesundheit, die auf guter Forschungspolitik beruhen.

Sie absolvierte eine Ausbildung in medizinischer Apitherapie und erhielt 2013 den multinationalen Preis der Eisenhower Fellowship.

HONIG ALS HEILMITTEL

Für Alexandra Henrion-Caude sind Bienen »mobile, beständige, vielfältige und universelle Einheiten, die uns das vollkommenste Arzneimittel liefern. Sie sind eine echte Polyklinik, die Ernährung, Prävention, Diagnose[1] und Therapie miteinander verbindet. Bienen sind einzigartige Verbündete, wenn es um die Gesundheit von uns Menschen geht.«

Schon lange bevor es Menschen gab, lebten Bienen, Pflanzen und Mikroorganismen zusammen auf der Erde und bildeten die heute immer bedeutender werdende Artenvielfalt. Aus dieser gemeinsamen Evolution gingen die bemerkenswerten Eigenschaften des Honigs hervor. Der von den Sammlerinnen geerntete Nektar gelangt in die Honigblase, in der sich eine sehr spezifische Bakterienflora befindet, bevor er dann ein oder mehrmals im Innern der Beute von Biene zu Biene weitergereicht wird. »Honig ist das Endprodukt einer Kettenreaktion, an deren Anfang ein pflanzliches Produkt steht, das auf seinem Weg von Tieren, den Bienen, angereichert wird. Das geschieht mithilfe einer Vielzahl von Bakterien, die in der antibiotischen Umgebung der Beute überleben können«, so Alexandra Henrion-Caude. Daher ist Honig nicht klassifizierbar, weil er ein Mischprodukt sowohl pflanzlichen als auch tierischen Ursprungs mit zahlreichen Eigenschaften ist.

Honig liefert im Organismus direkt verwertbare Zucker und ist das kalorienreichste Nahrungsmittel, das in der Natur vorkommt. Der Arzt Frank Marlowe[2] hält es sogar für möglich, dass er eine entscheidende Rolle bei der menschlichen Evolution gespielt haben könnte, weil er für die Entwicklung des Gehirns, das rund 20 Prozent unseres gesamten Kalorienverbrauchs beansprucht, als lebenswichtige Energiequelle nötig war. Honig und Propolis, reich an phenol- und flavonoidhaltigen Bestandteilen, waren bereits Gegenstand vieler Studien, die ihre positiven Eigenschaften belegten: antioxidativ, entzündungshemmend, antibakteriell, antiviral, blutdrucksenkend, antiallergen, gefäßerweiternd, entkrampfend, blutzuckersenkend, beruhigend, antiöstrogen, leberschützend, antikanzerogen und wirksam gegen Hautalterung.

Warum also wird der Honigkonsum nicht vorangetrieben? Weil Honig ein »lebendiges« Produkt ist, dessen Eigenschaften variieren. Honig lässt sich nur schwer in die üblichen medizinischen Protokolle einpassen. So zeigte sich bei einer Studie mit Tualang-Honig, einem Vielblütenhonig aus Malaysia, dass er sich günstig auf einige Diabetes-Typen auswirkt. Um diese Entdeckung in die Praxis umsetzen zu können, müssten diese Eigenschaften auch bei anderen Honigsorten festgestellt werden. Dafür wären Gelder notwendig, die für diese Art der Forschung nicht vorhanden sind.

Über manche Honigsorten wurde viel gesprochen, etwa über den Manuka-Honig, der wegen seiner antibakteriellen Eigenschaften zu Unrecht anderen Sorten vorgezogen wird. In Wahrheit enthält jeder Honig in unbehandeltem Zustand zahlreiche Antioxidantien, Enzyme und Defensine, die antibakteriell oder antiviral wirken. Wenn auch die Wirksamkeit von Honig gegenüber Bakterien, besonders *Staphylococcus aureus*, Salmonellen und *Helicobacter*, ja sogar multiresistenten Keimen als erwiesen gilt, sind doch nicht alle Sorten gleich. So haben sich Mischungen, besonders wenn sie Buchweizenhonig enthalten, als viel wirksamer herausgestellt als der Manuka-Honig, der die höchste Punktzahl beim UMF[3] erzielt.

Professor Descottes, ein Pionier bei der Verwendung von Honig in der Wundheilung, bewies die Überlegenheit von Honig gegenüber konventionellen Erzeugnissen, indem er in der Klinik von Limoges mehrere Tausend infizierte oder nicht infizierte Wunden im Bereich der Bauchdecke und bei Dekubitus behandelte. Fabien Quero, der zusammen mit Bernard Descottes die Gesellschaft Melipharm[4] gründete, erklärt: »Ein feuchtes Milieu bietet die besten Bedingungen für die Narbenbildung. Wenn man also zwischen Wunde und Verband Honig aufträgt, schafft man ein günstiges Milieu dafür. Die Gefäße werden angeregt, Flüssigkeit abzusondern, wodurch Bakterien besser abgewehrt und zu stark beschädigte Zellen dräniert werden können. Und tatsächlich ist der Erfolg von sterilem Honig bei der Narbenbildung von Wunden offensichtlich – angefangen bei der Schorfbildung während der Stillzeit, über Fieberbläschen, auch Lippenherpes, bis hin zu geschwürartigen Wunden.«

»Neulich las ich eine Studie[5], die zeigte, dass infizierte offene Wunden an der Kopfhaut mit einer Größe von zwei auf zwei Zentimetern, bei denen schon der Knochen zu sehen war, nach der Behandlung mit sterilem Honig sich in nur zwei Wochen auf eine Größe von einem auf einen Zentimeter verringert hatten. Das war wirklich beeindruckend!«, bezeugt Alexandra Henrion-Caude.

»Meine Hoffnung«, sagt sie zum Schluss, »ist es, dass Frankreich zu den Ländern gehört, die im Hinblick auf eine nachhaltige Gesundheit die Bedeutung natürlicher Lösungsansätze erkennen und einen Teil des zur Verfügung stehenden Budgets dafür verwenden, um die Wirkmechanismen dieser Heilmittel zu erforschen und ihre Anwendungsgebiete zu definieren. Wir dürfen nicht vergessen, dass die Menschen sie bereits seit der Antike verwendet haben. Es gibt überall neue Forschungen, wie beispielsweise zurzeit in den USA, über die Wirkung von Bienengift auf das AIDS-Virus[6] ...«

1) *Die Portugiesin Susanna Soares hat daran gearbeitet, wie man den Geruchssinn der Bienen für die Entdeckung verschiedener Krebsarten im Atem einsetzen kann. Unter anderem hat man Hunde bereits darauf trainiert, auf diese Weise Prostatakrebs zu entdecken.*
2) *Honey, Hadza, Hunter-gatherers and Human Evolution, Journal of Human Evolution, Juni 2014.*
3) *Der UMF (Unique Manuka Factor) klassifiziert die unterschiedlichen Manuka-Honigsorten nach ihrer antibakteriellen Wirksamkeit (von 0 bis 16).*
4) *Melipharm liefert sterilen Honig an die breite Öffentlichkeit, an unabhängige Ärzte, Altersheime und Krankenhäuser. Melipharm ist an verschiedenen klinischen Versuchen in Frankreich beteiligt.*
5) *Tropical Honey for Scalp Defects: an Alternative to Surgical Scalp Reconstruction, PRS Global Open, Juni 2015.*
6) *Cytolytic nano particles attenuate HIV-1 infectivity, Labor Samuel A. Wickline (Universität Washington).*

PARIS

Audric de Campeau, hier auf den Dächern der Militärschule, bezeichnet sich selbst als Autodidakt in Sachen Bienenzucht, als Unternehmer und Naturliebhaber. Als er 2010 seine erste Beute auf den Dächern von Paris platzierte, stellt er überrascht fest, wie rein und einzigartig im Geschmack der Hauptstadthonig ist. Heute verkauft er ihn an Feinkostläden.

APIS URBANIS

PARIS

NEW YORK

LONDON

BERLIN

PARIS

Seit 2009 stellt der professionelle Imker Nicolas Géant seine Beuten auf den renommiertesten Dächern von Paris auf – le Grand Palais, Louis Vuitton, Hotel Westin … Die urbane Imkerei erfährt gerade einen neuen Aufschwung, erfordert jedoch gute Kenntnisse. Während der Saison besucht Nicolas wöchentlich den Bienenstand von Notre-Dame de Paris, um zu verhindern, dass die Bienen schwärmen. Das wäre zwar völlig harmlos, könnte aber dennoch Panik auslösen …

UCLA

NEW YORK

Der 35-jährige Adam Johnson, Teilhaber in einer Anwaltskanzlei, kümmert sich um die vier Bienenvölker im Gemeinschaftsgarten, einem wahren Ort der Begegnung mit der Natur. Die Imkervereinigung von New York unterhält rund 100 Völker. Es könnten jedoch auch 500 sein, die von mexikanischen oder puertoricanischen Bevölkerungsgruppen ländlicher Herkunft aufgestellt wurden – oder von jungen Städtern, die Bienenhäuser und Gemüsegärten anlegen, um etwas Natur in die Stadt zu bringen.

LONDON

Die Kleingartenanlage in der Stuart Road, die eigentlich für den Gemüseanbau gedacht ist, wurde einfach um eine Bienenbeute bereichert, die zur Bestäubung der Gemüsepflanzen dient. Die Uhrmacherin Liz Gill (links) und Sharon Bassey, die sich um notleidende Kinder kümmert, befassen sich seit sechs Jahren mit Bienen. Heute leitet Sharon in der Imkerei sieben Personen an.

park inn
SANYO
MEETING & EVENTS
Eat
Eat

BERLIN

Der berühmte Berliner Dom, überragt vom Fernsehturm auf dem Alexanderplatz, dem Wahrzeichen der ehemaligen DDR, beherbergt zwei Bienenvölker, die Frank Hinrichs auf dem Dach aufgestellt hat. Im Gegensatz zu anderen Großstädten repräsentiert die Berliner Imkerei viel mehr als nur eine vorübergehende Begeisterung der Bürger: Hier kümmern sich 750 Imker um 2500 Bienenvölker!

MONTPELLIER
Im Rahmen des Programms »Die Biene, Wächterin unserer Umwelt« hat die UNAF (Union nationale de l'apiculture francaise) über 60 Völker in den Gemeinden aufgestellt – hier auf dem Dach der Hotelfachschule Georges Fréche.

DER EXPERTE

Henri Clément
FRANKREICH

VERLORENE PARADIESE

»Bienenstöcke haben zu unserem ländlichen Landschaftsbild gehört, auf jedem Bauernhof gab es welche. Durch die Veränderung des Bauernstandes ging diese der Ernährung dienende Imkerei nach und nach verloren.

In Frankreich ist die Lage der Imker heute paradox. Bienen profitieren momentan von einer wahren Sympathiewelle, sodass sich immer mehr Menschen der Imkerei zuwenden, während die professionellen Bienenzüchter eine schwere Krise durchlaufen. Vor 20 Jahren produzierte Frankreich 32 000 bis 33 000 Tonnen Honig und importierte 6000 bis 7000 Tonnen. Im Jahr 2014 wurden nur noch 10 000 Tonnen produziert und 32 000 importiert. Mitte der 1990er-Jahre wurde das Bienensterben durch die Medien bekannt und erzeugte in der Bevölkerung ein Bewusstsein für das Problem. Die Imkerei kam wieder zu ihrem ehemaligen Ansehen. Ihre Erzeugnisse genießen einen sehr guten Ruf, doch die Imker selbst sind konfrontiert mit dem Problem eines übermäßigen Bienensterbens.

Mein Vater besaß 80 Bienenvölker. Bei ihm waren die Bienen auf sich allein gestellt, ohne dass er je eingriff. Durch die ersten Einsätze von Pestiziden kam es in den 1970er-Jahren zu einem massenhaften Bienensterben, bei dem mitunter bis zu zwei Kilogramm tote Bienen vor ihren Beuten lagen. Auf Druck der Bienenzüchter untersagte das Landwirtschaftsministerium, Pestizide, die den Bienen gefährlich werden konnten, während der Blüte einzusetzen. Daraufhin erlebte zwischen 1974 und 1995 die französische Imkerei eine wahre Blütezeit, die Frankreich zu einer sehr großen Imkernation machte. 1980 wütete *Varroa destructor*[1] auf furchtbare Weise in den Beuten, gefolgt von den Insektiziden der Gruppe der Neonicotinoide im Jahr 1995, die beträchtliche Auswirkungen hatten. Die Produktion von Sonnenblumenhonig brach ein, während die Sterblichkeitsrate der Bienenvölker um das Fünf- bis Zehnfache anstieg. Die Imkerei hat sich dadurch völlig verändert.

Früher waren wir Imker, um Honig zu produzieren, heute vermehren wir Bienen. Um die übermäßige Sterblichkeitsrate (zwischen fünf und acht Prozent im Winter oder 30 Prozent aufs ganze Jahr gesehen) zu kompensieren, ziehen die Bienenzüchter Königinnen und Schwärme heran. Die Bruttätigkeit der Königin wird engmaschig überwacht. Die Königin muss, bedingt durch den Fruchtbarkeitsverlust der Drohnen, jährlich, bestenfalls alle zwei Jahre ersetzt werden. Früher konnte eine Königin vier bis fünf Jahre lang Eier legen. Diese neue Problematik führte zu dem neuen Beruf des Bienenzüchters und zum massiven Import von Königinnen und Schwärmen. Doch selbst so konnte Frankreich seinen Bedarf nicht decken. Neu war es auch, die Bienen zu füttern. Das erste Mal, als mich mein Vater dabei beobachtete, sagte er zu mir: »Du bist verrückt, man füttert doch keine Bienen!« Die Völker sind durch den Verlust der Biodiversität so geschwächt, dass die Imker öfter am Ende der Saison Zuckersirup zufüttern müssen, damit die Bienen den Winter überstehen – manchmal aber auch zwischen den Nektartrachten.

Das Hauptproblem für die Bienen ist die Schädigung der Umwelt. Es wäre höchste Zeit, die Agrarchemie aufzugeben und zur Agronomie zurückzukehren. Das hieße vor allem, den Einsatz von Pestiziden zu reduzieren und sich für die Fruchtfolge und eine größere Kulturenvielfalt einzusetzen. Wir importieren Unmengen an Soja aus Südamerika, nur um unser Vieh damit zu füttern, während wir doch Luzerne, Klee, Esparsetten (sie wurden vom Nationalen Institut für Agronomieforschung zur besonderen Pflanze erklärt) und Hülsenfrüchte anbauen könnten. So könnten wir endlich die sogenannten Pflanzenschutzmittel, Herbizide, Insektizide und Fungizide reduzieren. Das ist die allererste Bedingung dafür, dass unsere Bienen und alle anderen wild lebenden Bestäubungsinsekten ihr Gleichgewicht wiederfinden können.

Und schießlich müsste man die Imkereibranche unterstützen, in der ein großes Potenzial schlummert, wenn man die 20 000 bis 30 000 Tonnen Honig betrachtet, die jährlich importiert werden. Das würde es den Familien ermöglichen, von der Imkerei zu leben, eine schwierige, aber befriedigende Arbeit, mit der besonders die schwach besiedelten Bergregionen wieder belebt werden könnten.

Die Bienen stellen uns grundlegende Fragen: Welche Art der Landwirtschaft? Welche Art der Umwelt? Welche Art der Ernährung? Welche Verbindung zwischen Mensch und Natur? Die Antwort darauf liegt in einer Basisarbeit, die zum Nutzen wäre für unsere Umwelt, Gesundheit und das wirtschaftliche Gleichgewicht.«

Henri Clément ist professioneller Imker in den Cevennen und ehemaliger Präsident der UNAF (Union nationale de l'apiculture francaise). 1996 setzte er sich dafür ein, dass die Pestizide, die für Bestäubungsinsekten gefährlich sind, vom Markt genommen wurden.

Außerdem rief er 2005 das Programm »Die Biene, Wächterin der Umwelt« ins Leben, das zum Ziel hat, die Öffentlichkeit und die Gemeinden für den Schutz der Bienen zu sensibilisieren.

Neuere Veröffentlichungen:
L'apiculture pour les nuls,
Verlag First, 2014
Créer son rucher,
Verlag Rustica, 2014
La traité Rustica de l'apiculture,
Verlag Rustica, 2011.

1) Varroamilbe, aus Südostasien eingeschleppter Schädling und weltweit für das Sterben einer großen Anzahl von Bienenvölkern verantwortlich.

ICH STECHE NICHT!

BRASILIEN

PANAMA

COSTA RICA

KONGO

MEXIKO

SÓ COM DEUS
Embrapa
Amazônia Oriental

ICH STECHE NICHT!

DIE FEEN DES AMAZONAS

»Ich hatte die Chance, ein Universitätsstudium zu absolvieren, und möchte mich daher heute für die Bauern und die Umwelt in meiner Region einsetzen.« Dies ist das Credo von Giorgio Venturieri, der seit über 20 Jahren in Belém am EMBRAPA (Empresa Brasileira de Pesquisa Agropecuaria, dem Landwirtschaftsministerium nachgeordnetes Netzwerk der brasilianischen Agrarforschungszentren) die für die Bestäubung der Amazonaspflanzen zuständigen Insekten erforscht.

Paradoxerweise ist der Amazonas-Regenwald ein karges Milieu, in dem hauptsächlich die Bäume für die Nährstoffzufuhr verantwortlich sind. Die Aufeinanderfolge von Trocken- und Regenzeiten sowie das Wasser haben die Böden gestaltet und überall unsichtbare Grenzen geschaffen. So mussten sich die Pflanzen an unterschiedliche Ökosysteme anpassen und sich in Unterarten aufspalten, die genetisch zwar unterschiedlich, aber nicht ausreichend differenziert waren, um nicht denselben Krankheiten zum Opfer zu fallen. Die Amazonaspflanzen können sich in der Regel selbst bestäuben. Weil diese Reproduktionsweise keine genetische Vielfalt erzeugt, sind Bestäuber notwendig – allen voran die Biene.

Eine ähnliche genetische Differenzierung wie bei den Pflanzen findet sich auch bei den stachellosen Bienen. Die kleinsten messen gerade mal zwei bis drei Millimeter, die größten bis zu zwei Zentimeter. Jede der 120 hier lebenden Arten[1] umfasst ein Dutzend Unterarten, deren Verbreitungsgebiete oft benachbart sind. Das Paradebeispiel dafür ist die Biene *Urucu*, die 50 verschiedene Unterarten vorweisen kann, ohne dass dafür natürliche Ursachen erkennbar wären. Giorgio Venturieri hat außerdem, immer in Flussnähe, aber auf einer sehr großen Fläche, die große *Melipona fasciculata* entdeckt, die die Indianer *Kourou* nennen. Die taxonomischen Charakteristika der Unterarten dieser *Melipona* liegen, auch wenn sie nur winzige Unterschiede aufweisen, erstaunlich nahe beieinander, was Giorgio auf die Theorie brachte, dass die präkolumbischen Indianer für die Ausbreitung dieser ausgezeichneten Honigbiene verantwortlich gewesen sein müssen, indem sie auf dem Flussweg die Bienenvölker von Kolumbien nach Venezuela und bis nach Belém gebracht haben.

1) *Es gibt etwa 580 stachellose Bienenarten, verteilt auf die tropischen Regionen der Erde.*

»Belém … Ich kam vor 15 Jahren hierher und habe mich sofort verliebt! Hier herrschte eine Atmosphäre wie in den Städten aus der Kolonialzeit, die mit ihren mehr oder weniger zerfallenen Barockpalästen in den Tiefschlaf gefallen sind. Die Stadt belebte sich frühmorgens, wenn die Straßenmärkte öffneten, und döste um die Mittagszeit wieder ein, wenn die Hitze einsetzte. Sie besaß einen unglaublichen Charme. Bei meiner zweiten Reise war ich verblüfft angesichts der vielen Autos, des kulturellen Lebens, der Ausstellungen und Bars … Belém war brasilianisch geworden. Als Giorgio und ich die Stadt verließen, um Imker zu treffen, nahmen wir zuerst die Autobahn, dann Landstraßen und Pisten, und schließlich landeten wir am Wasser. Und dort trifft man das andere Brasilien, das von Kleinbauern bevölkert ist, die in Pfahlbauten oder auf dem Boden stehenden Häusern quasi von nichts leben. Bestenfalls besitzen sie einen Motor für ihr Boot. Sie sind es, die Giorgio am Herzen liegen.«

Professor Giorgio Venturieri auf einem Zufluss des Rio Parà: Er bringt den Imkern, die er in der Umgebung von Belém betreut, eine von ihm entworfene Minibeute mit.

Diese Biene (*Friseomelitta* sp.) misst gerade mal vier Millimeter. Zum Schutz ihrer Brut baut sie eiförmige Zellen.

In Pará geht die Imkertradition auf die Kayapos-Indianer zurück, die um die 34 Bienenarten kennen und von sieben den Honig ernten. Die hier *Cabocos* genannten Bauern hingegen, halb indianischer, halb portugiesischer Abstammung, haben die Bienen teilweise domestiziert, indem sie sie in einfachen Holz- oder Bambuskästen hielten. Giorgio arbeitet daran, diese Art der Imkerei zu rationalisieren und zu zeigen, wie die Bestäubungseigenschaften der stachellosen Bienen sie zu wertvollen Verbündeten beim Anbau von Açai-Beeren machen. Die kleinen roten Früchte mit ihren antioxidativen Eigenschaften werden derzeit in ganz Parà angebaut. Der momentane Hype macht sie zu einer echten wirtschaftlichen Alternative für die Bauern. Doch um Früchte hervorzubringen, muss die Açai-Palme bestäubt werden.

Für Giorgio sind daher die einheimischen stachellosen Bienen, gut angepasst und leicht zu halten, ideal für diesen Zweck. Aus sieben domestizierbaren Arten hat er die besten Bienen ausgewählt und er arbeitet außerdem mit zwei *Melipona*-Arten. Die eine, *Melipona flavolineata*, fühlt sich in feuchten Regionen wohl, während die andere, *Melipona fasciculata*, an Trockengebiete angepasst ist. Seit 2001 bietet Giorgio verstärkt Kurse und Vorträge in den Städten und Dörfern von Parà an. Rund 400 Bauern mit Bienen haben schon daran teilgenommen und rund zwei Dutzend von ihnen mit 20 bis

Die kleine *Tetragonisca angustula*, vier bis fünf Millimeter groß, schützt den Nesteingang, indem sie einen Kegel aus Cerumen (ein Gemisch aus Wachs und Propolis) baut, der die Öffnung verkleinert.

Eine Königin von *Melipona seminigra pernigra* bei der Eiablage. Obwohl sie von Arbeiterinnen umgeben ist, muss sie doch manchmal mit den Flügeln schlagen, um mit Nachdruck nach Futter zu verlangen. Ein Völkchen dieser Bienen kann aus 500 bis 2000 Arbeiterinnen und aus mehreren Königinnen bestehen, die zusammen wohnen, doch nur eine davon ist für die Eiablage zuständig.

300 eigenen Bienenvölkern werden vom EMBRAPA begleitet. Giorgio entwickelte außerdem ein spezielles Beutemodell, das die Teilung der Kolonien vereinfacht und eine Ernte von über vier Kilogramm Honig jährlich ermöglicht.

Heute widmet sich Giorgio der Kommerzialisierung dieses Honigs, der, obwohl für seine therapeutischen Eigenschaften weithin bekannt, dennoch schwer zu vermarkten ist. Auf dem traditionellen Markt hingegen bringt er über 40,– US-Dollar pro Liter. Sein Hauptproblem ist der hohe Feuchtigkeitsgehalt von 22 bis 30, manchmal bis zu 40 Prozent, der ihn gärungsfähig macht. Doch das Team von EMBRAPA scheint mit einer schnellen Niedrigtemperaturpasteurisierung eine Lösung dafür gefunden zu haben.

Wie schon die Indianer vor ihnen haben die kleinen Bauern, halb indianischer, halb portugiesischer Abstammung, die Bienen teildomestiziert, indem sie sie am Haus in Holz- oder Bambuskästen hielten.

Giorgio Venturieri und Joao Roque, ein 68-jähriger Bauer, ernten gemeinsam den flüssigen Honig aus einer Beute mit Honigbienen (*Melipona fasciculata*). Wegen seines hohen Wassergehalts von durchschnittlich 22 bis 30 gegenüber 17 bis 18 Prozent bei europäischen Bienenhonigen, muss dieser Honig kühl gelagert werden, um eine Gärung zu verhindern.

Die historische Stadt Braganca im Bundesstaat Parà ist über den Rio Caeté mit dem Meer verbunden. Sie ist von Sümpfen und Schwemmgebieten umgeben, die reich an Blüten und Bienen sind.

In den vom Imkereiprogramm des EMBRAPA (Empresa Brasileira de Pesquisa Agropecuaria, die staatlichen brasilianischen Agrarforschungszentren) aufgestellten Beuten wurden von Giorgio Venturieri konzipiert. Darin kann der gesammelte Nektar in einem von der Brut abgetrennten Teil der Beute gelagert werden. So wird die Honigernte erleichtert.

ELEMENTO

DER EXPERTE

Dr. David Roubik
VEREINIGTE STAATEN

David W. Roubik ist Doktor der Entomologie und Forscher am Smithsonian Tropical Research Institute in Panama.

Der wesentliche Teil seiner Laufbahn spielte sich in Lateinamerika ab. Als Bienenexperte interessiert er sich besonders für die Ökologie der afrikanisierten Biene in Südamerika.

Außerdem ist er Autor von *Ecology and Natural History of Tropical Bees* (Cambridge University Press, 1989).

DIE ÄLTESTEN BIENEN DER WELT

»Wenn die stachellosen Bienen auch Honig produzieren, so unterscheiden sie sich doch von den anderen nicht nur durch die Tatsache, dass sie keinen Stachel besitzen. Diese Arten sind sehr alt, wahrscheinlich doppelt so alt wie die anderen der Gattung *Apis*. Wie können wir uns da sicher sein? Die folgenden drei Quellen bestätigen es.

Erstens weist das Studium von Fossilien darauf hin. Insekten sind auf eine bestimmte Umwelt spezialisierte Organismen. Ihre Fossilien liefern wichtige Indizien darüber, wie die alten Ökosysteme aufgebaut waren. Lange Zeit bezog man sich auf das Fossil einer Biene, die man in einem 70 Millionen Jahre alten Bernstein aus einer Region an der Ostsee gefunden hatte. Nachdem man 2006 in Myanmar wieder eine Biene in einem Stück Bernstein entdeckt hatte, addierte man zum Alter der Bienen weitere 30 Millionen Jahre, sodass es das älteste Exemplar auf 100 Millionen Jahre bringt[1].

Zweitens gibt das Studium der molekularen Uhr Aufschluss, denn sie stellt eine Verbindung zwischen der Mutationsrate der Gene und dem Zeitpunkt der Aufspaltung von Arten her und ermöglicht damit, beides miteinander zu vergleichen. Das Ergebnis der Analysen im Vergleich mit *Apis mellifera* deutet darauf hin, dass die stachellosen Bienen höchstwahrscheinlich 80 Millionen Jahre alt sind.

Der dritte Hinweis ist in der geografischen Herkunft der stachellosen Bienen begründet. Warum findet man sie in allen tropischen Regionen dieser Erde, in Afrika, Australien, Mittelamerika, Südamerika und Indien? In der Vergangenheit war die Erde in geologischer Hinsicht sehr verschieden von unserer heutigen. Vor rund 100 Millionen Jahren trennte sich Südamerika von Afrika ab, was für mich die besten Informationen über das Alter der Bienen liefert. Sie existierten bereits, bevor die Kontinente auseinanderdrifteten.

In Australien beispielsweise leben 15 stachellose Bienenarten, die ursprünglich aus Asien stammen. Auch Australien und Südamerika waren einmal miteinander verbunden, und zwar durch die heutige Antarktis. Die Vorteile eines tropischen Klimas wurden ihnen erst bei der Abtrennung vor 15 Millionen Jahren zuteil.

Der Isthmus von Panama existiert seit fast zweieinhalb Millionen Jahren, aber anscheinend gab es schon früher eine Landbrücke zwischen Nord- und Südamerika, die von Pflanzen und Tieren genutzt werden konnte. Man nimmt an, dass es vor sieben, zehn oder zwölf Millionen Jahren einen Austausch zwischen den beiden Kontinenten gab – wahrscheinlich aber noch viel früher.

In Mexiko lebt die Biene *Melipona beechii*, deren Gene einer anderen Biene sehr ähnlich sind, die man bis nach Südbrasilien findet. Diese beiden Bienenarten wurden vor zwei bis drei Millionen Jahren getrennt. Daher wurde die Idee von der Existenz einer einzigen Passage zwischen den beiden amerikanischen Kontinenten verworfen.

Es ist allgemein bekannt, dass die Honigbiene *Apis mellifera* erst durch die Europäer nach Amerika gebracht wurde. Kürzlich wurde jedoch im Westen der USA ein Fossil entdeckt, das darauf schließen lässt, dass es dort bereits vor 15 Millionen Jahren Honigbienen einer heute ausgestorbenen Art gegeben hat. Wie kamen sie dahin? Wahrscheinlich über die Nordroute, die während des Eozäns vor 40 Millionen Jahren für eine kurze Zeit Amerika und Asien miteinander verband.

Vor gerade einmal 15 000 bis 18 000 Jahren waren Asien und der Nordwesten Nordamerikas das letzte Mal miteinander verbunden. Durch die erste Eiszeit war der Meeresspiegel gesunken und der Mensch gelangte nach Amerika. Bevor wir Menschen auf der Erde auftauchten, haben sich Klima, die Kontinente, Flora und Fauna sehr stark verändert. Diese Veränderungen haben die Natur gestaltet, die wir heute erforschen. Wir leben mitten in diesem dynamischen Prozess, sind aber selbst nur Neuankömmlinge.«

1) George Poinar, zoologische Fakultät der Universität des Bundesstaates Oregon, und Bryan Danforth, entomologische Fakultät der Universität Cornell, Ithaca.

PANAMA
Eine Blüte von *Couroupita guianensis* (Kanonenkugelbaum) wird von einer *Tetragonisca angustula* besucht.

PANAMA

Euglossa hemichlora ist eine einzeln beziehungsweise semi-sozial lebende Biene, die sich von Blütennektar ernährt. Sie erntet den Pollen nur, um ihn mit Nektar zu vermengen und damit ihre Brut zu ernähren.

Rechte Seite: *Euglossa tridentata* ist nur teilweise sozial. Ihr Nest umfasst drei bis vier Weibchen, deren Brutzellen Seite an Seite gebaut sind. Die Gruppe wird oft von einer Biene dominiert, die größer ist als die anderen. Sie öffnet deren Zellen und frisst die Eier darin, um sie durch ihre eigenen zu ersetzen.

COSTA RICA

Stachellose Bienen bewohnen oft hohle Bäume. Hier handelt es sich um *Paratrigona ornaticeps*. Die friedliebendsten Arten sind die Bewohner eines Nestes, das auf natürliche Weise vor Räubern geschützt ist.

Nesteingang der Biene *Tetragonisca angustula* mit einem Kegel, der den Zugang zum Volk schützt.

Die drei Millimeter großen Brutzellen der winzigen *Paratrigona guatemalensis* werden horizontal gebaut. Dabei fällt eine Königinnenzelle durch ihre Größe auf.

Rechte Seite: Im Nest von *Tetragonisca angustula* lassen sich in der Mitte die regulären Brutzellen und die außen liegenden größeren für Honig- und Pollenvorräte vorgesehenen Zellen unterscheiden.

Trigona fulviventris im Flug vor einer Blüte des Jade-Weins (*Strongylodon macrobotys*). Diese teilweise soziale Biene teilt sich die Brutpflege mit anderen, sammelt aber allein Nektar.

Rechte Seite: Die Wächterinnen von *Scaptotrigona panamensis* bilden am Nesteingang eine Krone.

DER EXPERTE

Dr. David Roubik
VEREINIGTE STAATEN

STACHELLOS, ABER NICHT WEHRLOS

Stachellose Bienen bewohnen alle Tropenregionen dieser Erde. Ihnen gehören 50-mal so viele Arten an als den Bienen unserer Breitengrade – 580 Arten verteilt auf 56 Gattungen – und sie unterscheiden sich in vielerlei Hinsicht. Sie ziehen ihre Larven nach Art der solitär lebenden Bienen groß, indem sie das Ei in einer abgeschlossenen Zelle auf einem Nahrungshäufchen absetzen. Für die Gründung eines Volks bauen sie zuerst das neue Nest unterirdisch oder in einer Baumhöhle und transportieren Nahrung hinein. Erst dann fliegt eine jungfräuliche Königin des ursprünglichen Volks zusammen mit einem Drittel der Population davon, um die neue Wohnstätte in Besitz zu nehmen.

Die Kooperation zwischen den beiden Nestern setzt sich noch mehrere Monate lang fort, und nicht selten holen sich die Bienen aus dem neuen Nest ihre Nahrung aus dem alten. Bei den stachellosen Bienen ernähren sich die Männchen selbstständig, während die Arbeiterinnen Nektar und Pollen für das Volk sammeln. Form und Struktur eines Nestes unterscheiden sich von einer Art zur anderen. Honig und Pollen werden in separaten Zellen aufbewahrt, die kugel- oder eiförmig, ja sogar kegel- oder zylinderförmig sein können und die um die kugel- oder eiförmigen Brutzellen herum gebaut sind. Aufbau und Material der Nester, die Verteidigung des Volks, das Sammeln von Nektar und die Fortpflanzung sind bei jeder Art unterschiedlich.

Wehrhafte Nester und Verteidigungsstrategien

Die stachellosen Bienen haben sehr unterschiedliche Verteidigungsstrategien entwickelt, die wesentlich von der Erreichbarkeit des Nestes sowie ihren Feinden, etwa Ameisen, Säugetiere, Affen und Menschen, abhängen. Um den Ameisenbär zu täuschen, baut die Biene *Partamona*, die unterirdisch oder in Bäumen haust, eine erste Kammer mit leeren Brutzellen, während sich das richtige Nest darüber befindet. Wie viele andere Arten lebt auch sie manchmal mit Termiten zusammen, doch sie ist die einzige Bienenart, die mit ihnen eine gemeinsame Verteidigungsstrategie entwickelt hat: Bei einer Feindattacke werden die Bienen durch den Duftstoff der Termiten gewarnt und gehen zum Angriff über.

Die meisten Eingänge der Kolonien sind so konzipiert, dass nur ein Tier auf einmal hindurchpasst. Manche haben die Form eines Wachsröhrchens, das bis zu 40 Zentimeter lang sein kann und dessen Wände oben mit klebrigem Baumharz bestrichen sein können. Die *Melipona*-Bienen legen am Eingang ein Lager aus Harzkügelchen an, die die Wächterinnen dann in frischem Harz wälzen und mit denen sie den Nestzugang blockieren. Andere wiederum verschanzen sich hinter wahren Festungsmauern, die aus einer Mischung aus kleinen Kieselsteinen, Schlamm und getrocknetem Harz bestehen und über zehn Zentimeter dick sein können.

Die Hauptaufgabe der im Nest bleibenden Arbeiterinnen besteht darin, Insekten und Parasiten am Eindringen zu hindern. Sie erneuern ständig das frische Harz, das Ameisen abhalten soll. Die Wächterinnen sind größer als ihre Schwestern und von ihrer Konstitution her für den Kampf gedacht. Wenn bei einem Angriff ein chemisches Alarmsignal aus Drüsen in den Mundwerkzeugen abgesondert wird, verlassen sie das Nest und verteilen sich am Eingang. Sind die Angreifer fremde Bienen, liefern sie sich eine Luftschlacht. Bei Säugetieren greifen sie in großer Zahl an, bis die Eindringlinge von ihnen vertrieben werden.

Die diebische Biene *Lestrimelitta* macht diese Strategie zunichte, indem sie einen starken Zitrusduft absondert, der die olfaktorischen Alarmsignale überdeckt und so die Kommunikation innerhalb des angegriffenen Volks unterbricht. Somit kann die Biene in das Nest eindringen und die Brutzellen mit der darin gelagerten Larvennahrung ausrauben. Während die meisten stachellosen Bienen sich verteidigen, indem sie mit ihren Mundwerkzeugen zubeißen, transportiert *Tetragonisca angustula* in ihren Pollenkörbchen an den Beinchen kleine Harzkugeln, die sie auf Angreifer schleudert. Die beste Abwehrmethode benutzt aber *Oxytrigona*. Die Bienen sondern ein Sekret aus Ameisensäure ab und schleudern es in Augen, Haare, Ohren und Mund des Angreifers.

David W. Roubik ist Doktor der Entomologie und Forscher am Smithsonian Tropical Research Institute in Panama.

REPUBLIK KONGO
Eine Lotusblüte wird frühmorgens von unterschiedlichen stachellosen Bienen besucht, die dort Pollen sammeln.

MEXIKO – BUNDESSTAAT PUEBLA

Eine vier Millimeter große *Trigona scaptotrigona* auf dem Eingangskegel des Bienenvolks. Er ist zugleich Abflug- und Verteidigungsplattform und ermöglicht den Wächterinnen, sich in Gruppen dort aufzustellen, um den Eingang für Angreifer zu blockieren.

MEXIKO – YUCATAN
Wie die anderen stachellosen Bienenarten lagert auch *Melipona beecheii*, die Biene der Mayas, ihre Nahrungsvorräte in den unregelmäßigen Zellen, die sich außerhalb der Brut befinden. Im Gegensatz zu denen der europäischen Biene sind ihre horizontal angeordnet.

MEXIKO – BUNDESSTAAT PUEBLA

Trigona scaptotrigona ist ein ausgezeichneter Bestäuber der Kaffeeblüten. Die einheimische Genossenschaft Tosepan brachte daher die traditionelle Zucht dieser Bienen wieder in Schwung. Hier werden die Völker in den an den Hauswänden aufgereihten Terrakottatöpfen gehalten. Die Nahuat-Indianer, die Honig und Kaffee verkaufen, konnten dank ihrer Genossenschaft den Anbau von Nahrungsmitteln wiederbeleben, was ihnen die Autonomie und Würde zurückgibt.

GEFAHREN UND RÄUBER

ASIATISCHE HORNISSEN

VARROAMILBEN

SPINNEN

BÄREN UND GOTTESANBETERINNEN

PESTIZIDE UND HERBIZIDE

GEFAHREN UND RÄUBER

ASIATISCHE HORNISSEN

Es ist sieben Uhr morgens. Im Test-Bienenhaus des CNRS am Stadtrand von Toulouse stehen 20 Beuten aufgereiht nebeneinander. Vor jeder schweben drei, vier, manchmal auch zehn Hornissen, manche vor dem Flugbrett, auf dem sich die Wächterinnen drängen, andere wiederum etwas höher, um die Rückkehr der Sammlerinnen nicht zu verpassen. Für die Bienen, die diesen Räubern gegenüberstehen, sind die Tage angefüllt mit Stress und Kampf. Sie haben Angst.

Die Sammlerinnen fliegen seltener aus: Jede Zweite wird bei ihrer Rückkehr zerfetzt, wenn sie schwer beladen mit Nektar oder Pollen versucht, den Eingang der Beute zu erreichen. Die Arbeiterinnen »kleben« am Eingang der Beute, bilden eine kompakte Masse. Sie wollen die Sammlerinnen schützen, die die Blockade der Hornissen erfolgreich durchbrechen konnten, und die Hornissen daran hindern, in die Beute einzudringen. Mit seitlich weit abgespreizten Beinen stürzt sich eine Hornisse auf eine Biene im Flug. Sie ergreift sie, zieht sie auf den Boden und köpft sie mit ihren starken Mundwerkzeugen, bevor sie auch noch die einzelnen Gliedmaßen entfernt, um allein die Brust als Nahrung für die Larven mitzunehmen. Angesichts dieser Giganten haben die Bienen keine Chance.

Die Asiatische Hornisse kann ein Bienenvolk dezimieren, schon indem sie verhindert, dass die Bienen Wintervorräte anlegen können. Im schlimmsten Fall macht sie sich über die Brut her, sobald die Wächterinnen vernichtet sind. Die Hornisse ernährt sich auch von anderen Insekten, doch wurden bisher keine ökologischen Auswirkungen dieser Raubzüge bekannt.

Am Ende des Sommers gehen aus einem Hornissennest 500 bis 600 Geschlechtstiere hervor, die das Nest zur Paarung verlassen. Sobald der Winter einbricht, sucht sich jedes befruchtete Weibchen einen Unterschlupf. Hat es die kalte Jahreszeit überlebt, begibt es sich im Frühling auf Nahrungssuche und beginnt an einem geeigneten Ort mit dem Nestbau, um dann die ersten Arbeiterinnen hervorzubringen. Nun ist sie zur Königin geworden und legt ständig Eier, während die Arbeiterinnen sich daranmachen, das Nest auszubauen und in Scharen ausfliegen, um nach Nahrung zu suchen.

Ihre Fortpflanzungsstrategie macht die Asiatische Hornisse zu einem gefährlich invasiven Insekt. Die Unterart *Vespa velutina nigrithorax* kam 2004 in aus China importierten Keramiktöpfen in Lot-le-Garonne an, bevölkerte innerhalb von zehn Jahren 70 Prozent der Fläche Frankreichs und hat dabei wahrscheinlich die europäische Hornisse, *Vespa crabro*, verdrängt. Außerdem wurde sie in Belgien, Nordspanien, Portugal und Italien gesichtet.

Diejenigen, die der Asiatischen Hornisse den Kampf angesagt haben, machen kein Hehl aus ihrem Interesse für dieses erstaunliche Raubinsekt. Èric Darrouzet von der Universität in Tours gehört zu ihnen. Außer an der Erforschung der Biologie der Hornisse arbeitet sein Team an einer selektiven Falle. Doch weder die Frühjahrsfallen, die die Nestgründerinnen vernichten sollten, noch Sommerfallen, die auf die Arbeiterinnen abzielten, waren sonderlich erfolgreich – dafür fielen zahlreiche andere Insekten den Fallen zum Opfer.

Die perfekte Falle muss so konzipiert sein, dass sie Asiatische Hornissen einlässt, nicht aber die größeren europäischen Hornissen. Außerdem muss sie kleineren Insekten ermöglichen, wieder zu entkommen. Éric Darrouzet arbeitet überdies an einem Duftköder auf der Basis von Pheromonen, die die Asiatische Hornisse zur Kommunikation verwendet. Noch einige Forschungsarbeit wird nötig sein, um eine Falle herzustellen, die keinerlei negative Auswirkungen auf die Umwelt hat.

Aus Rindenmaterial, das sie vermischt mit Speichel zu einer Art Pappmaché verarbeitet, konstruiert die Asiatische Hornisse ein Nest, das mit ihrem Staat mitwächst. Sich ihm zu nähern ist gefährlich, denn die Hornissen greifen jeden Eindringling an.

Mit ihren enormen Mundwerkzeugen ist die Asiatische Hornisse – oder *Vespa velutina* – ein furchterregender Räuber.

»Wir befinden uns 25 Meter über dem Boden. Auf meinen Schultern, meinem Kopf, meiner Kamera höre ich das unaufhörliche Tack-Tack-Tack der Hornissen, die auf mich aufprallen. Aberhunderte Arbeiterinnen attackieren uns. Sie kleben um mein Objektiv herum und versuchen, uns durch Maske und Schutzanzug hindurch zu stechen, ohne Pause. Wir sind geschützt durch vier Millimeter Neopren, dichte Handschuhe und Spezialmaske. Dennoch geben Étienne und ich auf, weil wir wegen des aggressiven Gifts, das die Hornissen abgeben, Tränen in den Augen haben. Fast der gesamte Hornissenstaat ging zum Angriff auf uns über, als wir uns dem Nest näherten – sehr beeindruckend! Ich versetze mich in die Lage der unglücklichen Sammelbienen …«

Étienne Roumailhac ist Hornissenjäger. Seit 2010 hat sich dieser Imker auf die Vernichtung von Hornissennestern spezialisiert, indem er Bäume hinaufklettert und mithilfe einer langen Stange aus Carbonfaser, eines Gerüsts oder sogar einer Drohne, die mit einer Stange ausgerüstet ist, ein Insektizid ins Nest spritzt. Die Nester der Asiatischen Hornisse können enorme Ausmaße annehmen, bis zu einen Meter in der Länge und 80 Zentimeter im Durchmesser. Sie sind oft in einer Höhe von über zehn Metern im Laub versteckt und werden vehement verteidigt.

Gegen Ende der Saison ist das Nest von 1000 bis 2000 Hornissen bevölkert. Da sie für ihren Nestbau Wasser benötigen, nisten sie oft in der Nähe eines Wasserlaufs. Dies führt sie häufig auch in eine Stadt. Im Sommer und Herbst muss Étienne Roumailhac sechs- bis zehnmal pro Tag eingreifen, doch aus jedem Staat, den er nicht vernichten kann, und das sind einige, gehen zehn andere hervor.

Die Wächterinnnen bilden auf dem Abflugbrett eine Traube, um die Hornisse am Eindringen in die Beute zu hindern und die zurückkehrenden Sammlerinnen zu schützen.

David gegen Goliath: Als eine Imkerin der CNRS in Toulouse eine Beute öffnet, geht eine Hornisse zum Angriff über. Hornissen gönnen den Bienen keine Atempause.

Étienne Roumailhac ist Hornissenjäger und wird, sobald ein Nest gesichtet worden ist, im Sommer und Herbst bis zu zehnmal pro Tag gerufen. Er verwendet 20 Meter lange Stangen, Gerüste oder sogar eine Drohne, um Permethrin-Pulver in das Nest zu bringen.

Das bei der Bekämpfung der Asiatischen Hornisse eingesetzte Permethrin, neurotoxisches Insektizid, ist auch bienengefährlich. Seine Verwendung ist demnach keine nachhaltige Lösung. Alternative Ansätze nutzen die Pheromone der Hornissen. Das Team um Thierry Denis (INRA Bordeaux) beschäftigt sich mit ihrer Kommunikation, um letztendlich ihre Organisation zu stören. Das Team um Éric Darrouzet (Universität Tours) arbeitet an einem Duftköder, um Hornissen in eine Falle zu locken, ohne anderen Insekten zu schaden.

Mehrere Vereinigungen versuchen, die Asiatische Hornisse als höher gefährlich einzustufen. Damit könnte man ihre Vernichtung koordinieren, der französische Staat müsste aber für die anfallenden Kosten aufkommen.

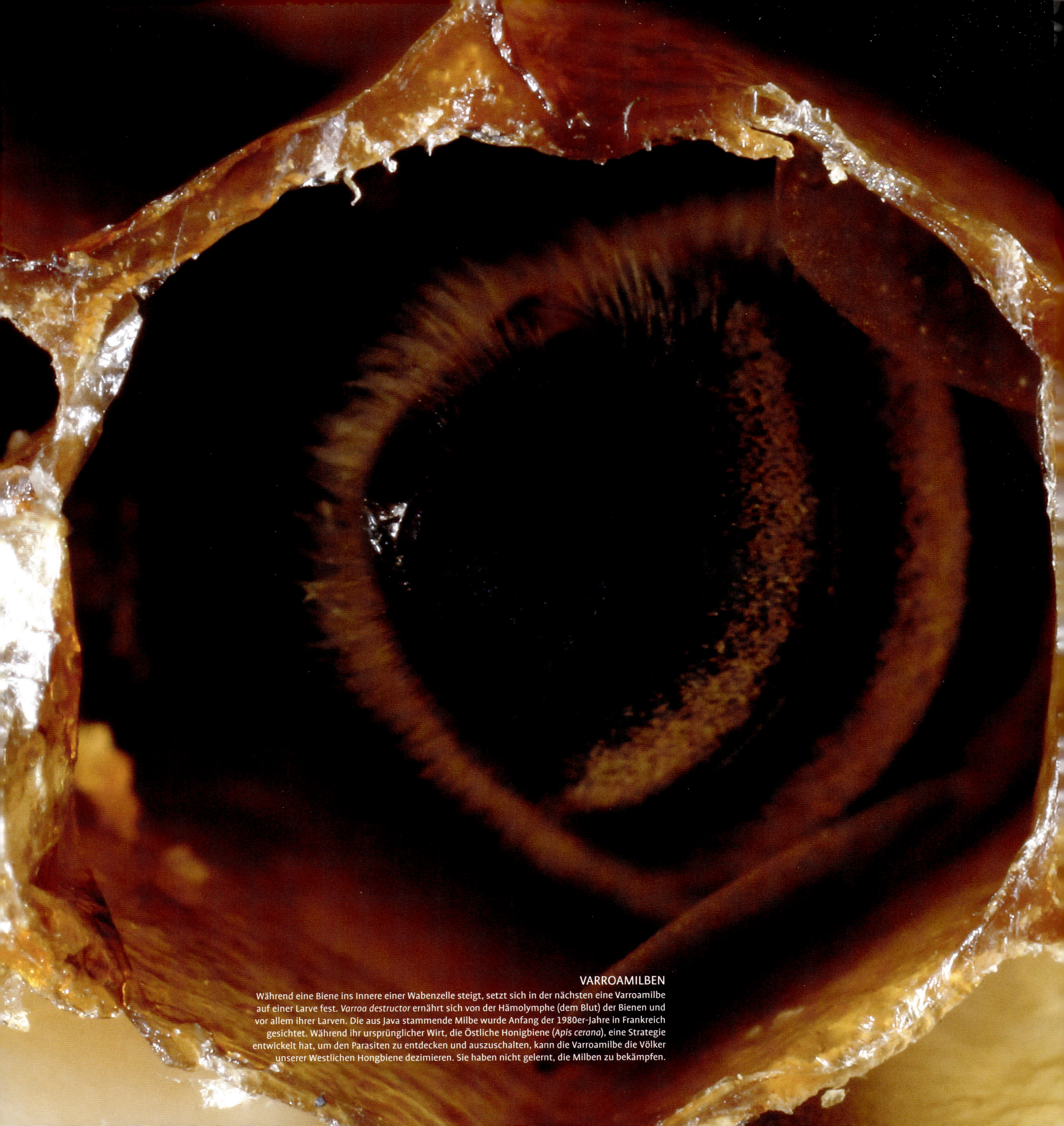

VARROAMILBEN

Während eine Biene ins Innere einer Wabenzelle steigt, setzt sich in der nächsten eine Varroamilbe auf einer Larve fest. *Varroa destructor* ernährt sich von der Hämolymphe (dem Blut) der Bienen und vor allem ihrer Larven. Die aus Java stammende Milbe wurde Anfang der 1980er-Jahre in Frankreich gesichtet. Während ihr ursprünglicher Wirt, die Östliche Honigbiene (*Apis cerana*), eine Strategie entwickelt hat, um den Parasiten zu entdecken und auszuschalten, kann die Varroamilbe die Völker unserer Westlichen Hongbiene dezimieren. Sie haben nicht gelernt, die Milben zu bekämpfen.

KRABBENSPINNEN

Krabbenspinnen spinnen kein Netz, sondern verstecken sich in Blüten, um Bestäuberinsekten zu fangen. Diese bezahlen das mit ihrem Leben. Handelt es sich um eine Biene, die stechen kann, dreht die Spinne sie mit ihren Beinen schnell um und beißt sie in den Nacken, da an dieser Stelle das injizierte Gift zum sofortigen Tod führt.

BÄREN

Auf der türkischen Hochebene von Anzer wurde eine Beute in der Nacht angegriffen, nur wenige Meter von einer Ortschaft entfernt. Der in Eurasien beheimatete Braunbär wiegt bis zu 230 Kilogramm und sein Bestand im Land wird auf 3000 bis 5000 Tiere geschätzt. Die Vorliebe der Bären für Larven und Honig hat schon immer für Unmut unter den Menschen gesorgt. Sie stellen elektrische Zäune auf oder sie müssen ihre Bienenbeuten hoch oben in den Baumwipfeln platzieren, wo sie nicht geplündert werden können.

GOTTESANBETERINNEN
Ende August ist Hochsaison für die Gottesanbeterinnen. Sie lauern ihren Opfern auf, indem sie mit der Vegetation verschmelzen. Sobald eine Sammlerin in Reichweite einer Gottesanbeterin kommt, schnellen die Fangbeine des räuberischen Insekts nach vorn. Die Bienen scheinen hier keine Bedrohung wahrzunehmen, denn sie ergreifen keine kollektiven Maßnahmen, um sich gegen die Fangschrecke zur Wehr zu setzen.

DER EXPERTE

UNSICHTBARE FEINDE

»Man spricht gemeinhin von ›Pflanzenschutzmitteln‹, ein Begriff, der irreführend ist: Herbizide sind nicht zum Schutz von Pflanzen gemacht, sondern um sie abzutöten, genauso wie ein Insektizid Insekten vernichtet. All diese Produkte wurden anfänglich für den Einsatz in Kriegen hergestellt, sie sind also für die Vernichtung von Leben gedacht. Heute werden sie mit Zusatzstoffen verdünnt, die noch viel toxischer sind als sie selbst, wie mein Labor gerade nachweisen konnte. Es sind somit die einzigen toxischen Produkte, die in Friedenszeiten eingesetzt werden! Und auch genetisch veränderte Organismen, die heute auf dem Markt sind, enthalten allesamt einen hohen Anteil an Pestiziden (Herbiziden oder Insektiziden).

Verharmlosung und Verschleierung bei den GVO

Die erste Kategorie der genetisch veränderten Organismen umfasst Pflanzen, die in der Lage sind, das weltweit meistverkaufte Herbizid Roundup zu absorbieren, ohne dabei abzusterben. Die Toxizität dieses Produktes kann noch in 100 000-facher Verdünnung nachgewiesen werden, wie wir an menschlichen Embryonalzellen zeigen konnten! Das Europäische Parlament hat regelmäßig die Menge der erlaubten Rückstände im Innern der Pflanzen erhöht, indem es die Zahl von einem Teil pro Million[1] auf einige Hundert erhöhte, damit der Import von genetisch veränderten Organismen, die Roundup-verträglich sind, nach Europa ermöglicht wurde.

Wir haben dieses Produkt in einer Konzentration von nur 0,1 Teil pro Milliarde an Ratten getestet, was dem erlaubten Anteil im Leitungswasser entspricht. Dies führte zu massenhaften Gesäugetumoren, Änderungen der Sexualhormonbalance sowie zu Schädigungen von Nieren und Leber, und schließlich zum Tod der Tiere. Die gesetzlich erlaubten Konzentrationen sind auch für Zellen in der Entwicklung, Zellen von Erwachsenen und für die Umwelt toxisch. Unsere Studie, nach der die Tumore der Ratten die Folge der Roundup-Verwendung sind, wurde von der Gen- und Pestizidlobby angegriffen, sodass die Veröffentlichung zurückgezogen wurde[2]. Nachdem dies kritisiert wurde, durfte die Studie schließlich wieder publiziert werden.

Diese Lobby hat weltweit den Großteil der Gesundheitsbehörden durch wissenschaftliche Experten infiltriert, die ihre Verbindung zu den großen Unternehmen verschweigen. Man lässt so die Öffentlichkeit in dem Glauben, dass die Genpflanzen die Pestizidanwendung reduzieren würden, während sie in Wirklichkeit nur die Anwendung von Konkurrenzmitteln verringern. Es wird behauptet, dass die Pflanzen den Insekten gegenüber resistent würden, ohne dabei zu erklären, dass sie nun Herbizide absorbieren oder selbst Insektizide produzieren.

Die zweite große Kategorie der gentechnisch veränderten Organismen setzt die nach dem Bakterium *Bacillus thuringiensis* benannten Bt-Toxine ein, die Insekten vernichten können. Genetisch veränderte Pflanzen geben nun Insektizide ab, die durch Mutation der natürlich vorkommenden Toxine gewonnen wurden. Dabei werden Größenordnungen von einem Kilo pro Hektar erreicht! Diese Pflanzen stellen ungefähr 25 Prozent der genetisch veränderten Nutzpflanzen dar.

Auch wenn in Frankreich der Anbau verboten ist, so gibt es dennoch 2000 Experimentierfelder, auf denen vor allem Mais und Raps angepflanzt werden. Für die Hybridisierung der Rapspflanzen werden Bestäuberinsekten benötigt. Deshalb wurden Bienenbeuten an den Feldern aufgestellt und so kamen die Bienen in Kontakt mit enormen Mengen an Pestiziden. Lange Zeit hat man überdies die Toxizität von Bt-Mais vollkommen ignoriert, unter dem Vorwand, diese Pflanze stelle ja keine Bienenweide dar. Aber jeder Imker weiß, dass Bienen Maispollen sammeln, um damit ihre Larven oder sogar ihre Königin zu ernähren. Offensichtlich spielen die Bt-Pflanzen eine Rolle beim Vitalitätsverlust der Bienenvölker. Es wurden aber noch keine Experimente dazu durchgeführt, in welchem Maß sie eine Auswirkung auf die sich entwickelnden Eier haben.

Die versteckten Gefahren der Pestizide

2013 und 2014 machten wir eine wichtige Entdeckung bezüglich der Toxizität von Pestiziden[3]. Seit 2005 wussten wir, dass Roundup noch viel toxischer ist als Glyphosat allein, sein Hauptwirkstoff. Wir haben das an fünf Arten menschlicher Zellen, darunter auch embryonale, und in vivo an Ratten nachgewiesen. Wir haben versteckte Wirkstoffe ausfindig gemacht, etwa ätzende Reinigungsmittel, Reste tierischer Erzeugnisse und polyethoxylierte Derivate, die man im Frackingwasser bei der Schiefergasgewinnung verwendet. Diese ätzenden, fetthaltigen Rückstände sind bereits toxisch, weil sie die Zellmembran durchdringen. Damit gewinnt der eigentliche Wirkstoff an Giftigkeit. Wir weiteten diese Studie auf die zehn meistverkauften Pestizide und die Neonicotinoide aus, die regelmäßig für Bienensterben verantwortlich gemacht werden. Bei Pestiziden, wie sie im Handel erhältlich sind, haben wir eine Toxizität festgestellt, die 10- bis 1000-mal höher ist als die des eigentlichen

Dr. Gilles-Éric Séralini
FRANKREICH

Wirkstoffs. Und doch wird nur der Wirkstoff selbst in Langzeittests erforscht. Dies erklärt auch die Abweichungen zwischen unseren Studien und denen der Hersteller. Die zulässige Tagesdosis wird wahrscheinlich im Durchschnitt um den Faktor 1000 bis 100 000 zu niedrig angegeben.

Zurzeit gibt es keine Regelung zur langfristigen, generationenübergreifenden Gesundheitsbewertung der gentechnisch veränderten Organismen vor der Markteinführung, weder für Menschen oder Säugetiere noch am allerwenigsten für Bienen. Die ersten Tests wurden über einen Zeitraum von gerade einmal zwei Wochen[4] an vier Kühen durchgeführt. Heute dauern die Tests drei Monate, sind aber nicht obligatorisch. Das Argument der Hersteller: Es genüge, die oberflächliche chemische Zusammensetzung zu untersuchen, um bestätigen zu können, dass man es mit Raps, Mais, Soja oder Baumwolle zu tun habe. Hier sehen wir uns einem seltsamen Paradoxon gegenüber: Die Pflanze unterscheidet sich in genügendem Maße von der Ursprungsform, um patentiert, nicht aber, um langfristig erforscht zu werden! So wird den Regierungen der Ernst der Lage vorenthalten.

Transparenz, Langzeittests und Sortenvielfalt

Vergleicht man die über 10 000 Jahre menschlichen Ackerbaus ohne Pestizide mit den 60 Jahren mit Pestiziden, so besteht kein Zweifel daran, dass wir auf die Gifte verzichten könnten. Natürlich ist es unmöglich, die Pestizide von heute auf morgen aus dem Verkehr zu ziehen, ohne unsere Landwirtschaft zu gefährden. Man müsste aber sämtliche Blutanalysen von Säugetieren veröffentlichen, die gemacht wurden, als Genpflanzen und Pestizide auf den Markt kamen. Es ist wichtig, dass die Schäden genau erläutert werden, damit diese Produkte nach und nach vom Markt genommen und neue Wege in der Forschung beschritten werden können.

Das einzige Hindernis ist politischer Natur und betrifft vor allem die Verteilung von Subventionen, die heute den Großunternehmen in Form von Steuergutschriften für Forschung und Entwicklung oder durch die Förderung von Monokulturen gewährt werden. Genau diese Art der Landwirtschaft führt zu einer starken Vermehrung der Schadinsekten und erfordert einen massiven Pestizideinsatz. Wir wissen, dass die unterschiedlichen Signal- und Duftstoffe der Pflanzen und Blüten Parasiten abhalten. Bei der Permakultur beispielsweise wird dies sehr gut umgesetzt. Eine Umkehr ist einfach, wenn man beschließt, die biologische Landwirtschaft in gleichem Maße zu subventionieren wie die Monokulturen, indem man die chemische Qualität und nicht allein die produzierte Menge berücksichtigt.

Ökonomen auf der ganzen Welt haben bewiesen, dass der abwechslungsreiche regionale Anbau die kommenden Generationen ernähren könnte. Es sind 30 000 essbare Pflanzenarten bekannt, von denen 7000 angebaut werden. Davon sind es wiederum nur 30, die 95 Prozent des Energiegehalts unserer Nahrung liefern. Vier davon, Weizen, Reis, Mais und Soja (die beiden Letzteren mehrheitlich genetisch verändert) stellen mit 60 Prozent den Hauptanteil.

Tausende Wissenschaftler haben uns unterstützt, eine russische und eine italienische Studie werden sich bald mit den langfristigen Auswirkungen von genetisch veränderten Organismen befassen, andere auf allen Kontinenten sind geplant. Auch in Europa hat man eine Studie beschlossen. Wir haben uns allerdings aus dem wissenschaftlichen Komitee zurückgezogen, weil man Monsanto mit ins Boot geholt hat. Der Konzern hat sich bereits dafür eingesetzt, die Dauer der Tests zu verkürzen. Die Schlacht ist noch nicht verloren, aber die Politik stellt sich quer.

Pflanzen können uns entgiften

Die meisten entgiftenden Produkte sind auf pflanzlicher Basis entstanden. Da Pflanzen im Katastrophenfall nicht flüchten können, haben sie im Verlauf von Hunderten Millionen Jahren entgiftende Respirationsenzyme entwickelt, die P450-Cytochrome, um ihre Zellen zu reinigen. Dazu werden sie von den Pflanzendüften und Signalstoffen angeregt. Wir haben verschiedene Kombinationen von Pflanzen wie Petersilie, Löwenzahn, Klette und Berberitze erforscht und zusammen mit Medizinern getestet. Wir konnten beweisen, dass es möglich ist, menschliche Zellen in unterschiedlichen Organen zu entgiften. Der Organismus muss dazu über den Geschmacks- und den Geruchssinn durch Aromen und Düfte angeregt werden. Kurz – alle Wohlgenüsse führen zu einer Entgiftung des Körpers. Das ist doch eine ausgezeichnete Neuigkeit!«

Gilles-Éric Séralini ist Professor für Molekularbiologie an der Universität von Caen und erforscht die Auswirkungen von Pestiziden und unterschiedlichen Schadstoffen von genetisch veränderten Organismen auf die Gesundheit. Er ist stellvertretender Direktor der Abteilung »Risques, qualité et environnement durable« (MRSH-CNRS) und Präsident des wissenschaftlichen Beirats von Criigen (Comité de recherche et d'information indépendantes sur le génie génétique). Er war neun Jahre lang für die französische Regierung, die Europäische Union und verschiedene Länder als Experte bei der Risikobewertung gentechnisch veränderter Organismen tätig und leitet das Forscherteam, das das meiste über diese Themen publiziert hat.

Neuere Werke:
Nous pouvons nous dépolluer!, Josette Lyon (2010)
Tous cobayes! Champs actuel, Flammarion (2013)
Plaisirs cuisinés ou poisons cachés? Mit Chefkoch Jérôme Douzelet, Actes Sud (2014)

1) *Ein Teil auf eine Million Teile entspricht einem Mikrogramm pro Gramm.*
2) *Die wissenschaftliche Fachzeitschrift »Food and Chemical Toxicology« hat auf Druck von Monsanto die Studie zurückgezogen. Auf Nachfrage mehrerer Herausgeber wurde sie dann in der Zeitschrift »Open Science« publiziert (sämtliche Daten der Studie wurden veröffentlicht). Séralini et al., Environmental Sciences Europe, 2014.*
3) *Diese Entdeckung wurde 2014 in BioMed Research International veröffentlicht. Sie ist von fundamentaler Bedeutung, denn sie zeigt, welche Folgen diese Unterschätzung der toxischen Wirkung von Pestiziden hat.*
4) *BT176-Mais im Jahr 1996.*

VERRÜCKT NACH HO

CHINA

AUSTRALIEN

30

VERRÜCKT NACH HONIG

DAS FEST DER BLÜTEN

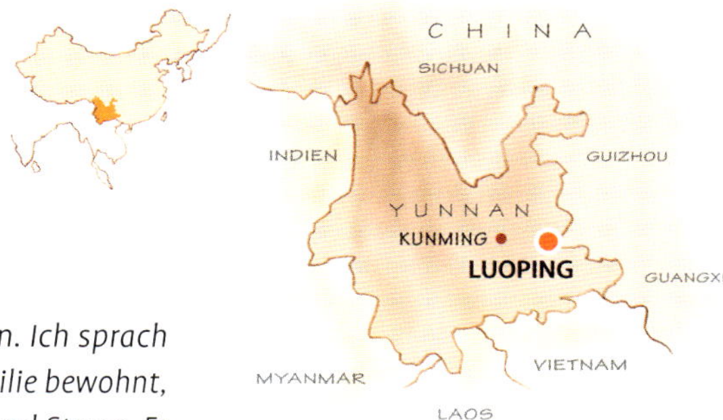

Sein Oberkörper ist schon nicht mehr zu erkennen unter der wimmelnden Bienenmasse, die sich immer weiter ausbreitet, um nach und nach auch sein Gesicht zu bedecken. In diesem Moment ist Yang Chuan der Star, umgeben von einem Fernsehteam, bestaunt von heranströmenden Touristen. Dieser beeindruckende Trick ist unter Imkern bekannt. Man hat die Königinnen von drei benachbarten Völkern in kleine Käfige eingeschlossen und um den Hals von Yang gehängt. Dadurch wurde in den Völkern der Zustand des Ausschwärmens simuliert und die Bienen haben sich ohne aggressiv zu sein um ihre Königinnen versammelt, um sie zu beschützen. Was nicht jedes Risiko gestochen zu werden ausschließt, wie eine Grimasse des sonst stoischen Imkers bestätigt. Jedoch ist die Bienenart in den 1980er-Jahren wegen ihres sanften Wesens gezüchtet worden, als China seine althergebrachten Arten an ein thailändisches Virus verloren hatte. Sie produziert Honig und Gelée royale in großen Mengen.

Um uns herum breitet sich ein Meer aus lebhaftem Gelb aus, in dem immer wieder schwarze Karstberge zu sehen sind. Wir befinden uns in den »Goldhügeln«, zehn Kilometer östlich von Luoping im Yunnan. Jedes Jahr lockt die Rapsblüte Imker, Touristen und fliegende Händler hierher. Von Februar bis Juni bewirkt die Blütezeit, dass sich chinesische Touristen massenhaft in Bewegung setzen. Über zehn Millionen Städter strömen dann zu den Naturschauplätzen, um die blühenden Felder und Obstplantagen im ganzen Land zu bestaunen.

»Es war verblüffend, all diese Mittelklassefamilien zu beobachten, die herausgeputzten Frauen mit ihren hohen Absätzen, die allesamt völlig gelassen zwischen den Bienenkästen herumspazierten und sich angesichts von Tausenden über ihren Köpfen herumschwirrenden Sammlerbienen überhaupt nicht aus der Ruhe bringen ließen! Es ist das größte Imkerfest der Welt, zu dem sich zehn Millionen Chinesen in einem nicht enden wollenden Strom begeben. Ob mit dem Bus, dem Auto oder nagelneuen Geländewagen, sie kommen in kleinen lärmenden Gruppen und ganzen Familien. Viele davon sind Amateurfotografen mit beeindruckender Ausrüstung … Dagegen erscheint das Leben der Imker eher elend zu sein. Ich sprach mit Yang Chuan in dem großen Zelt, das er mit seiner Familie bewohnt, ganz in der Nähe seiner 200 Bienenvölker, ohne Wasser und Strom. Er erzählte mir von seinem Nomadenleben, eine 15 000 bis 20 000 Kilometer lange Wanderung acht bis neun Monate lang pro Jahr. Sie beginnt im Februar in Luoping und setzt sich nach Osten hin zur Provinz Guangdong fort, immer dem Raps nach. Danach werden die Völker auf gemieteten Lastwagen in Richtung Norden zur Litschi- und Honigbaumblüte (Sophora sp.) in Shanxi bei Peking gebracht. Darauf folgen im Lauf des Sommers die Sonnenblumen und Wildblüten, dann verschiedene Magnolien im September in Guangxi. Dort befindet sich das Haus von Yang Chuan. Mit der Familie zusammen arbeitet er von morgens bis abends, und hier erntet er den fast noch unreifen Honig mit einer Handschleuder, um ihn vor Ort an die Touristen zu verkaufen. Mit dem Raps gibt es wegen der Pestizide die größten Probleme. Gibt es zu hohe Verluste bei den Bienenvölkern, zieht die Familie weiter.«

Von Bienen übersät lächelt Yang Chuan tapfer in die Zuschauermenge, trotz einiger unvermeidlicher Stiche. Die Imker von Jinji Lin arbeiten mit italienischen Bienen, die für ihre Produktivität und Sanftmut bekannt sind.

In den Camps der chinesischen Imker sind die Arbeitsbedingungen sehr rustikal, die hygienischen Bedingungen ohne fließendes Wasser mangelhaft. Die Behandlungen gegen Bienenkrankheiten werden oft von einem durchreisenden Tierarzt vorgenommen, ohne wirkliche Betreuung. Und dennoch versorgen die 600 000 Imker, die es in China gibt, mit ihren sieben Millionen Völkern beinahe 20 Prozent des Welthandels mit Honig. Sie konnten ihre Produktion in den letzten 15 Jahren um mehr als 40 Prozent steigern. Chinesischer Honig darf seit 2002 in Europa nicht mehr verkauft werden, weil er ein Antibiotikum enthält, das in der Bienenaufzucht verwendet wird und in der EU nicht zugelassen ist. Das gleiche Verbot galt in den USA, die es zwei Jahre später allerdings wieder zurückgenommen haben, ohne dass die chinesischen Behörden eine Garantie für Antibiotikafreiheit gegeben hätten. Doch Analysen zeigen oft Spuren von Süßstoffen oder illegalen, in der Veterinärmedizin verwendeten Antibiotika im Honig. Und die in China praktizierte Ultrafiltration des Honigs, die jeglichen Pollen entfernt, macht es unmöglich, den wirklichen Honiganteil in den Produkten zu bestimmen, die als Honig verkauft werden.

Die professionellen Imker in Europa haben durch Pestizide, Fungizide, Herbizide und intensive Landwirtschaft große Probleme, da sie das Überleben der Bienen bedrohen. Der Import von chinesischem Honig würde diese Branche noch zusätzlich belasten, da Chinas Strategie darin besteht, viel Honig zu einem sehr niedrigen Preis zu produzieren und den Markt mit billigem Honig zu überschwemmen. Im Einkauf wird der Honig für 1,70 € netto pro Kilo angeboten.

Im Februar und im März kommen die chinesischen Touristen in Strömen, um die endlosen Rapsfelder zu bestaunen. Imker und Händler haben ihre Zelte an dem Weg aufgestellt, der zu den »Goldener-Hahn-Hügeln« führt. Die Besucher, die meist seit weniger als einer Generation in der Stadt leben, scheinen überhaupt keine Angst vor den Bienen zu haben.

花海小吃
土蜂

Die Imker bieten ihre Bienenprodukte den Städtern an, die Pollen, Gelée royale und sortenreinen Honig für sich entdecken. Am beliebtesten ist nach wie vor der Rapsblütenhonig, der in Gegenwart der Touristen geerntet wird. In den 1980er-Jahren wurde *Apis mellifera* in China eingeführt, um die Imkerbranche auf der Basis von Familienunternehmen mit einem Bestand von jeweils etwa 100 Bienenvölkern aufzubauen. Während ihrer achtmonatigen Wanderweidewirtschaft leben die Imker in Zelten ohne jeden Komfort. Ihre vom Markt diktierten Imkerpraktiken unterscheiden sich von denen ihrer europäischen Kollegen. Sie produzieren Honig und Gelée royale, die sie – wenn möglich – direkt an fahrende Händler verkaufen.

Der Tourismus zur Trachtzeit ist für die Imker wirtschaftlich gesehen ein Glücksfall. Nach der Rapsblüte setzen sie mit der ganzen Familie ihre Wanderung von einer Blüte zur nächsten fort – vom Süden des Landes bis zu den Ausläufern des Himalaja-Gebirges, immer mit ihren Beuten auf gemieteten Lastwagen. Die hygienischen Bedingungen, unter denen die Imker leben müssen, sind mehr als bescheiden, und dasselbe gilt für die Honiggewinnung.

EWIGER NEKTAR

Australien ist für Bienen ein paradiesischer Ort. Als Kapitän Wallace im Mai 1822 in Sydney anlegte, befanden sich auch einige Bienenvölker im Frachtraum der *Isabella*. 50 Jahre später fühlt sich *Apis mellifera* in Australien schon wie zu Hause. Hier findet sie immerwährend Nektar, in dessen Genuss bisher nur die kleinen, stachellosen Bienen kamen, deren Honig und Larven die Aborigines sammelten.

Über 700 Eukalyptusarten – 95 Prozent des Waldbestands – stellen ihre Blüten ganzjährig zur Verfügung. Diese Bäume trotzen allen klimatischen Unwägbarkeiten, weil sie sich sehr schnell wieder ausbreiten können, selbst nach riesigen Waldbränden. Das leicht entflammbare Eukalyptusöl fördert die Waldbrände, die innerhalb von Wochen über Tausende Hektar Wald überziehen. Ist das Feuer erloschen, regenerieren sich die Eukalyptusbäume dank ihrer epikormischen Knospen, die sich tief unter der Rinde gebildet haben.

Die Bienen Australiens werden außerdem nicht von der Milbe *Varroa destructor*[1] geplagt, die in den Beuten der westlichen Länder ihr Unwesen treibt, hier aber durch eine strikte Quarantänepolitik keine Chance hat. Allerdings dringt der Kleine Beutenkäfer, *Aethina tumida*, in die Beuten ein und zieht dort seine gefräßigen Larven groß, die sich über die Brut sowie die Honig- und Pollenwaben hermachen. Zwei Wochen später verschwinden die Larven, um sich fünf Zentimeter tief unter der Erde zu verpuppen. Weitere zwei bis drei Wochen später fliegen die jungen Käfer davon und suchen sich erneut eine Beute, die sie plündern können.

Die Küste eignet sich besonders gut für die Imkerei, weil das Meer durch die Australischen Kordilleren in Schach gehalten wird. Im Südsommer, wenn die Eukalyptusbäume in Blüte stehen, bringen die Imker ihre Beuten dorthin. Der 27-jährige, untersetzte Ben Brown ist auch einer von ihnen. Sobald die Sammlerinnen keinen Nektar mehr finden, macht er sich mit seinem Bienenbestand auf zur nächsten Nektartracht, manchmal 600 Kilometer weit entfernt. Seine Ausgangsbasis liegt im Norden von Newcastle und seine Saison beginnt im August mit der Rapsblüte. Im Oktober/November wandert er zu den Abhängen der Blue Mountains, wo seine Bienen bis April Eukalyptus und Wildblumen finden. Manche der Abenteurer setzen ihre Wanderung nach Westen über die Gebirgskette hinweg in den Busch fort. Sie transportieren ihre Beuten auf der Suche nach dem Yapunyah über holprige Pisten. Dieser Eukalyptusbaum gedeiht an den Ufern der letzten Flüsse im Channel Country, bevor der endlose rote Sand beginnt. Die winzigen, weißen Blüten liefern nur alle vier Jahre Nektar, von April bis Oktober. Er ergibt einen äußerst schmackhaften Honig.

Seine 600 Völker bescherten Ben dieses Jahr fast 100 Tonnen Honig. Sein Handwerk hat er bei seinem Vater Terry gelernt, der mit seinen 61 Jahren noch 2500 Bienenvölker besitzt. Terry wurde bereits im Alter von 16 Jahren Imker, weil ihm die Freiheit und die Arbeit im Freien gefielen. Er ist ein Pionier im Bienentransport per Flugzeug. Als 2006 die USA von einem großen Bienensterben (der CCD[2]), heimgesucht wurden, brauchten sie dringend Bienen zur Bestäubung ihrer Kulturen, vor allem der Mandelbäume. Daraufhin schickte Terry jedes Jahr bis zu 47 000 »Päckchen« zu je zwei Kilogramm Bienen nach Kalifornien, aber auch nach Europa, Pakistan, in den Nahen Osten …

Mit seinen 27 Jahren besitzt Ben Brown bereits 600 Bienenvölker und hat dieses Jahr fast 100 Tonnen Honig produziert. Ein Rekordergebnis, das er braucht, um sich Land und eine Halle kaufen zu können.

Die Ernte geht mithilfe der Gebläse sehr schnell vonstatten – effizient, aber nicht sehr bienenfreundlich.

1) Schädlingsmilbe aus Südostasien, weltweit für das Absterben unzähliger Bienenvölker verantwortlich.
2) Colony collapse disorder – Bienensterben.

Die Bienen flogen über Singapur oder Hongkong, wo Ben, damals noch Teenager, bereits auf sie wartete, um sie mit Wasser zu beträufeln – zehn Prozent der Völker überlebten die Reise trotzdem nicht bis zum Ende. Zu dieser Zeit ist Terry der zweitgrößte Exporteur des Landes. Von seinem Vater hat Ben gelernt, die Bäume zu beobachten und vorauszusehen, wann die Bienenweiden von Teebaum, Akazie und den zahlreichen Eukalyptusarten in Blüte stehen werden.

Frank Malfroy ist ein fröhlicher Sechziger mit eingefleischten Überzeugungen, die sein Leben und seine Imkertätigkeit bestimmen: eine solarbetriebene Ernte- und Lagerhalle, Brunnen, Permakulturgarten und 1000 Völker, die Biohonig produzieren. Wenn er einige davon umsetzen muss, um der Trockenheit zu entfliehen, dann transportiert er sie 150 Kilometer nach Osten in die Blue Mountains.

»Ich blieb einige Tage lang bei Frank, zwischen Honighaus und Barbecue, dem australischen Nationalsport, unter einem blühenden Eukalyptusbaum, in dem es von Bienen wimmelte. Eines Nachts machten wir uns auf die Reise in die Berge. Ich hatte Mühe, dem Lastwagen zu folgen, als mir ein kleines Känguru vor den Wagen lief. Nachdem ich mir den Schaden angesehen hatte, holte ich Frank wieder ein, der abrupt nach rechts auswich. Ich tat das Gleiche und erblickte im Scheinwerferlicht ein zweites, viel größeres Känguru, das unbeweglich auf der linken Fahrspur stand. Wir folgten weiter einem Gewirr aus kleinen Straßen, bevor wir an einer Apfelplantage ankamen. Frank entlud die rund 100 Völker, die in den Genuss der Blüte kommen sollten, die hier wegen der Höhenlage später stattfindet als bei ihm zu Hause. Dann holte er seine »Zauberkiste« für einen kleinen Imbiss hervor. Nach heißem Kaffee in der Kühle des Morgens machten wir uns wieder auf den Weg, inmitten von Eukalyptuswäldern, die alle Abhänge bedecken.«

Der Lastwagen von Frank Malfroy fährt durch die Kleinstadt Cowra. Frank hat seine Bienenvölker bei den Eukalyptusbäumen wieder verlassen, als die Nacht anbrach. Sein Bestand an Bienen in 1000 Beuten produziert biologischen Honig.

STIHL
STIHL

Die Information über eine reiche Nektarquelle hat sich in den Bienenvölkern herumgesprochen und die Sammlerinnen besuchen in Scharen die Blüten von *Eucalyptus leucoxylon*, einer der etwa 700 australischen Eukalyptus-Arten. Alle können sich an Klimaveränderungen anpassen und wachsen schnell. Die Imker identifizieren die Bäume an ihrer Rinde. Sie kann sich unterschiedlich anfühlen und Beschaffenheit sowie Farbe können variieren: leicht abschälbar, hart, faserig, flockig, glatt oder stark zerfurcht, hell oder dunkel, gelb, rot … Daher auch die Namen *yellow box, red gum, blood wood, iron back* …

Frank arbeitet lieber für sich allein. Das gilt auch für die Wanderung mit den Bienen. Er setzt nur um die 100 Völker pro Fahrt um, und nur in die Blue Mountains. Dabei legt er jährlich 40 000 Kilometer zurück, im Gegensatz zu anderen Profis, die es auf 100 000 Kilometer bringen. Auch Ben ist einer seiner Stammkunden für Fahrten in die Blue Mountains. In wenigen Stunden haben die vier Imker seines Teams mehrere Tonnen Honig geerntet.

W 307

W307

PROTECTOR

Terry Brown hat im Alter von 16 Jahren mit der Imkerei begonnen. Als Pionier in Bezug auf Bienenexporte im großen Stil per Flugzeug hat er an diesem Tag seine 2500 Bienenvölker transportiert. Sie liefern 200 Tonnen Honig im Jahr.

In den kleinen Plastikkäfigen befindet sich jeweils eine begattete junge Königin. Um die Eiablage auf höchstem Niveau zu halten, wechseln manche Imker ihre Königinnen am Ende der Saison (für Australien heißt das Anfang März) aus. Es ist eine langwierige und ermüdende Arbeit, die jedoch beste Honigerträge verspricht. Nach dem Entfernen der alten Königin wird die junge in die Beute gesetzt, geschützt durch einen Käfig, damit die Arbeiterinnen mit ihr kommunizieren, sie aber nicht töten können. Der Käfig ist mit einem Pfropf aus süßem Brei verschlossen. Die Königin und die Arbeiterinnen brauchen ungefähr zwei Tage, um ihn wegzufressen. Wenn danach die Königin akzeptiert worden ist, kann sie ihren Käfig verlassen und mit der Eiablage beginnen. Ansonsten wird sie getötet und der Imker muss die Prozedur von vorn beginnen.

Der Albtraum eines jeden australischen Imkers, der Kleine Beutenkäfer (*Aethina tumida*), misst gerade einmal sechs Millimeter. Er dringt in die Beute ein, um dort seine gefräßigen Larven großzuziehen, die die Brut vernichten. Er ist schwer zu bekämpfen und wurde bereits auf Sizilien gesichtet, dem Drehkreuz des internationalen Bienenhandels.

In seinem Honighaus überwacht Frank Malfroy die Entdeckelung der Waben. Dabei werden die Wachsverschlüsse entfernt, unter denen sich der Honig befindet. Dann kommen die Rahmen in eine mechanische Schleuder, wo durch die Zentrifugalkraft der Honig aus den Waben gewonnen wird. Er wird in flüssigem Zustand gesiebt und dann in Gläser gefüllt.

Das Fließband zur Honiggewinnung läuft das ganze Jahr über auf Hochtouren. Frank produziert rund 50 Tonnen Biohonig im Jahr.

DER EXPERTE

Dr. Dennis vanEngelsdorp
USA

Dennis vanEngelsdorp ist Entomologe und führt derzeit Forschungen an der Universität Maryland durch. Davor war er sieben Jahre lang an der Universität Pennsylvania tätig, wo er an der landwirtschaftlichen Fakultät vor allem die Forschung an Bienen leitete.

Seit dem Jahr 2000 hat er über 300 Vorträge über das Bienensterben und den Schutz der Bienen gehalten.

VORSICHT! KONTAMINIERTER POLLEN!

Apis mellifera – unsere Honigbiene – ist der wichtigste Bestäuber in der Landwirtschaft. Doch die amerikanischen Imker sehen sich seit mehreren Jahren mit jährlichen Rekordverlusten bei ihren Bienenvölkern konfrontiert. Gleichzeitig steigt aber die Nachfrage nach Völkern für die Bestäubung der Obst- und Gemüseplantagen, in denen die Bienen einer durch Pflanzenschutzmittel kontaminierten Umgebung ausgesetzt sind. Man musste daher festlegen, ab welchem Punkt die Kombination oder Menge von Pestiziden die Gesundheit der Bienen beeinträchtigt und wie sie auf bestimmte Wirkstoffe reagieren.

Dennis vanEngelsdorp gehört zu den Wissenschaftlern, die sich mit großem Engagement mit dem Bienensterben, vor allem mit der CCD (*Colony collapse disorder*), beschäftigen. Im Juli 2013 hielten sie gemeinsam die Ergebnisse einer Forschungsstudie[1] fest, die sich mit den Risiken beschäftigt, denen die Bienen bei der Bestäubung der Plantagen ausgesetzt sind. Die Studie wurde in fünf Bundesstaaten – Kalifornien, Massachusetts, Pennsylvania, New Jersey und Delaware – mit sieben unterschiedlichen Nutzpflanzen durchgeführt: Mandeln, Äpfeln, Moosbeeren, Blaubeeren, Gurken, Wassermelonen und Kürbissen.

Von neun Völkern je Pflanzenkultur wurde der Pollen gesammelt, den die Sammlerinnen von drei unterschiedlichen Feldern, die mindestens 3,2 Kilometer[2] voneinander entfernt lagen, eingebracht hatten. Die Testvölker wurden ausgewählt, indem man den Flug der Sammlerinnen beobachtete und die aktivsten Völker von ihnen identifizierte. In diesen stellte man dann Pollenfallen auf. Der geerntete Pollen – die Hauptnahrung der Brut – wurde daraufhin auf das Vorhandensein von Stoffen aus zehn Pestizidproduktkategorien hin analysiert. Das sind mehr als 170 unterschiedliche Pestizide (Insektizide, Fungizide und Herbizide) und ihre Abbauprodukte[3].

Konzentration und Produktvielfalt

Die Studie sah zwei Faktoren als verantwortlich für den Immunitätsverlust der Bienen an: die hohe Konzentration bestimmter Pestizide und die zahlreichen unterschiedlichen Produkte. In dem gesammelten Pollen konnten 35 verschiedene Pestizide identifiziert werden, sowie ein hoher Anteil an Fungiziden. Sämtliche Proben enthielten Pestizide. In mehreren von ihnen lag ein bestimmtes Pestizid in Konzentrationen vor, die über der tödlichen Dosis lagen. Alle Proben enthielten durchschnittlich neun verschiedene Pestizide, bei der Moosbeere waren es bis zu 21.

Das Experiment wurde ausgeweitet, indem die Sensibilität von Bienen gegenüber *Nosema ceranae*[4] untersucht wurde. Obwohl Fungizide allgemein als gefahrlos für Bienen gelten, zeigte die Studie, dass die Bienen empfindlicher gegenüber *Nosema* wurden, wenn sie Pollen mit stark erhöhten Fungizidanteilen sammelten. Aber auch die zur Bekämpfung von Varroamilben[5] eingesetzten Mittel Methylformamid (DPMF) und Fluvalinat erhöhten ihre Empfindlichkeit. Die verminderte Immunität ist besonders bezeichnend, wenn man die starke Zunahme des Sterbens von Bienenvölkern bedenkt. Der hohe Anteil unterschiedlicher chemischer Produkte, der in den Nahrungsvorräten und Baumaterialien (Wachs, Propolis) nachgewiesen wurde, hat wohl starke Auswirkungen auf das Immunsystem der Tiere. Bis dahin hatten sich fast alle Forschungen über die Auswirkungen von Pestiziden auf die Sensibilität der Bienen gegenüber Krankheiten auf die Verwendung jeweils eines einzigen Stoffs beschränkt, ohne die kombinierte Wirkung der Pestizide zu betrachten. Diese Studie von 2013, die erste dieser Art, war von entscheidender Bedeutung, weil man durch sie erkennen konnte, wie sich die Menge und Kombination der Pestizide im Pollen auf die Gesundheit der Bienen auswirken.

1) *Crop pollination exposes honeybees to pesticides which alters their susceptibility to the gut pathogen Nosema ceranae. Jeffery S. Pettis, Elinor M. Lichtenberg, Michael Andree, Jennie Stitzinger, Robyn Rose, Dennis vanEngelsdorp www.plosone.org.*
2) *Der Umkreis, in dem die Sammlerinnen eines Bienenstocks aktiv sind, beträgt ungefähr drei Kilometer.*
3) *Organische Verbindung, entstanden aus der biochemischen Umwandlung eines Ausgangsstoffs durch den Stoffwechsel.*
4) ***Nosema ceranae**: parasitärer Darmpilz, der von Natur aus in allen Bienen vorkommt, sich sehr stark vermehrt und schnell zum Sterben eines ganzen Volks führen kann.*
5) *Schädlingsmilbe aus Südostasien, trägt weltweit zum Sterben zahlreicher Bienenvölker bei.*

KILL

PANAMA

KILLERBIENEN

GEFÄHRLICH, ABER PRODUKTIV

Juan Eduardo Malivern ist ein erfolgreicher Imker. Aus den 50 Bienenvölkern, die er von seinem Vater geerbt hat, ist mittlerweile ein Imkerunternehmen mit 2000 Völkern geworden. Die Ernten sind reichlich, Krankheiten selten und die Varroamilbe[1] ist nicht vorhanden. Die Erklärung dafür überrascht: Eduardo arbeitet mit afrikanisierten Bienen, auch »Killerbienen« genannt.

»Ich war schon bei vielen Ernten dabei, aber so etwas habe ich noch nie erlebt! Die Bienen sind von einer unvorstellbaren Aggressivität: Die gesamte Ernte über wurden wir von einer Wolke von Bienen angegriffen, die versuchten unter unsere Schutzmasken zu kriechen und durch die Schutzanzüge hindurchzustechen – wir waren über und über mit Bienen bedeckt. Ich musste meine Kamera immer wieder einräuchern, um überhaupt arbeiten zu können. Dennoch funktionierte die Arbeit mit Vorsicht, Präzision und – viel Rauch! Während ein Imker eine Beute öffnete, räucherte ihn ein zweiter ein. Die Imker verwenden riesige Smoker, die aus Brasilien importiert sind, und versiegeln ihre Schutzmasken und Handschuhe zusätzlich mit Klebeband. Als wir die Bienenstöcke verließen, folgten uns die Bienen bis ins Auto hinein und als wir in einiger Entfernung anhielten, um sie hinausfliegen zu lassen, griffen sie wieder an!«

Die afrikanisierte Biene kam 1980 nach Panama. Damals zählte das Land zwölf professionelle und ungefähr 500 Amateurimker. 35 Jahre später hatten 75 Prozent von ihnen ihre Bienenvölker aufgegeben und nur drei Profis hatten überlebt. Die Gefährlichkeit der afrikanisierten Bienen ist allseits bekannt. Wöchentlich gibt es Medienberichte über Attacken. Die Feuerwehr verzeichnet jedes Jahr mehrere Tausend Einsätze, und seit ihrer Ankunft in Panama gehen rund 100 Todesfälle auf das Konto dieser Biene.

Die Ursache für die Aggressivität dieser Bienen liegt in ihrer Heimat Namibia. Dort sind sie mit einem hartnäckigen Feind konfrontiert, dem Honigdachs, und sie haben eine kollektive Veteidigungsstrategie entwickelt: Fühlen sich die Bienen auf ihrem Territorium bedroht, schließen sich alle Arbeiterinnen zusammen – nicht nur die Wächterinnen –, um gemeinsam anzugreifen.

Um eine neue, an tropische Verhältnisse angepasste Biene zu entwickeln, wurde diese Hybridbiene 1956 in Brasilien von dem Biologen Warwick E. Kerr gezüchtet, der Königinnen der afrikanischen Unterart der Honigbiene (*Apis mellifera scutellata*) in Völker europäischen Ursprungs (*Apis mellifera mellifera*) einsetzte.

Im Jahr 1957 entkamen 26 Schwärme afrikanisierter Bienen und ihre hohe Produktivität erledigte den Rest. Die afrikanisierte Biene bringt mehr und schnellere Drohnen hervor, die deshalb bessere Chancen haben, die Königinnen europäischer Völker zu begatten. Überdies ist ein viel größerer Nestbereich für die Brut vorgesehen und ein kleinerer für die Honigvorräte, wodurch in kürzerer Zeit mehr Arbeiterinnen entstehen können. Außerdem schwärmt die afrikanisierte Bienen häufiger, vier- bis achtmal pro Jahr gegenüber ein- bis zweimal bei der europäischen Biene. Die größte Besonderheit der afrikanisierten Bienen ist aber, dass sie auf Wanderschaft gehen, sobald nicht mehr genug Nahrung zu finden ist. Wie ihre Kusine, die Asiatische Riesenbiene, kann auch die afrikanisierte Biene bei dieser Gelegenheit 200 bis 300 Kilometer zurücklegen. Sie teilt sie in Etappen von 20 bis 30 Kilometer Länge auf, zwischen denen sie Nektar »tankt«.

1) Schädlingsmilbe aus Südostasien, weltweit für den Tod zahlreicher Bienenvölker verantwortlich.

Neyda Batista leitet das Team. Durch ihre ruhige Ausstrahlung ist sie ein gutes Vorbild. Neyda ist seit 14 Jahren Imkerin und kennt nur die afrikanisierten Bienen, die ab 1985 sämtliche europäischen Bienen aus Panama verdrängt haben.

Vor dem Öffnen der Beute muss jeder Imker zuerst einmal Rauch geben. Hier ist der verwendete Smoker riesig. Er wurde in Brasilien konzipiert, von wo aus die afrikanisierte Biene nach Panama gekommen ist.

Selbst ein Schiff auf dem Pazifik wurde vom Besuch eines Schwarms afrikanisierter Bienen überrascht! Die Biene hat sich ein riesiges Territorium erobert, das sich von Südbrasilien bis in die Vereinigten Staaten erstreckt, wo sie 1990 erstmals gesichtet wurde.

Beide Unterarten, die afrikanische und die europäische, haben sich an ihre jeweilige Umwelt angepasst. Die europäische Biene kann in den Tropen nicht wild überleben, weil sie bei Gefahr nicht ihr Nest verlässt und sich einem ernsthaften Feind nicht entgegenstellt. Die afrikanische hingegen greift mutig an. Sollte das Bienenvolk trotz allem einmal in ernsthafter Gefahr sein, flieht die Königin mitsamt den Arbeiterinnen.

Die europäische Biene ist an harte Winter gewöhnt und legt daher im Frühling und Sommer große Nahrungsvorräte an. So kann sie, wenn ihre Nahrung knapp wird, von den Honigvorräten leben, ohne das Nest zu verlassen, und auf den nächsten Frühling warten. Die afrikanisierte Biene stellt dagegen ihre Sammeltätigkeit niemals ein und verfügt daher nur über sehr magere Vorräte.

Und schließlich beginnt die europäische Biene mitten im Winter mit der Eiablage, damit eine genügende Anzahl von Arbeiterinnen für die Blüte im Frühling bereitsteht. Ein solches Verhalten wäre in den Tropen unangebracht. Umgekehrt ist die afrikanische Biene nicht in der Lage, die langen Winter der gemäßigten Zonen zu überstehen, weil sie nicht genügend Vorräte hat und im folgenden Frühjahr nicht genug Arbeiterinnen zum Sammeln, denn die Königin hat noch nicht mit der Eiablage begonnen.

Im tropischen Klima Panamas konnte Juan Eduardo Malivern dank seiner afrikanisierten Bienen seine Honigproduktion verdoppeln, wie zahlreiche brasilianische Imker auch. Das gilt zumindest für diejenigen, die ihre Tätigkeit nicht wegen des angriffslustigen Verhaltens der afrikanisierten Bienen eingestellt haben.

Während der Honigernte an den 80 Bienenstöcken attackieren Wächterinnen und Arbeiterinnen sämtlicher Völker zusammen die Eindringlinge.

Die gesamte Schutzkleidung ist zusätzlich verstärkt. Knöchel und Handgelenke sind mit Klebeband umwickelt, damit die Bienen nicht in die Schutzanzüge eindringen können, und die Netze der Masken liegen nicht direkt am Gesicht der Imker an. Trotz allem werden durch das Bienengift, das sich in der Luft verteilt, Nasenschleimhäute und Augen gereizt.

Die Bienen scheinen besonders durch Érics Kamera irritiert zu sein. Während der ganzen Ernte ist er von Bienen übersät und muss regelmäßig Rauch geben, um weiterarbeiten zu können.

Nicht alle afrikanischen Bienen sind so aggressiv. Die Unterart, die mit den europäischen Bienen gekreuzt wurde, stammt ursprünglich aus Namibia. Dort musste sie sich gegen den Honigdachs wehren können.

Im Norden des Landes, nahe der Grenze zu Costa Rica, profitieren stachellose und afrikanisierte Bienen gleichermaßen von der ganzjährigen Blüte der Pflanzen der tropischen Klimazone. Sie bestäuben vor allem die unterschiedlichen Kaffeevarietäten, wie Caturra, Catuai, Tipica und Pacamara. Bis zur Einführung der europäischen Biene im Jahr 1937 waren die stachellosen Bienen die einzigen Honigbienen. Sie sind heute durch die 1980 ins Land gekommene afrikanisierte Biene vollständig verdrängt worden.

NEKI

Nach der anstrengenden Ernte, bei der die Männer drei Stunden lang attackiert wurden, haben sie nun Ruhe im Honighaus von Juan Eduardo Malivern.

Die Waben werden mit dem Messer entdeckelt, bevor der Honig geschleudert werden kann. Die Bienen verschließen sie mit einem Wachsdeckel, sobald der Feuchtigkeitsgehalt des Honigs so niedrig ist, dass er nicht mehr gären kann.

Dann wird der Honig gesiebt, um Verunreinigungen zu entfernen, bevor er in Fässern gelagert wird.

DER EXPERTE

Dr. Jürgen Tautz
DEUTSCHLAND

Jürgen Tautz ist Professor am Biozentrum der Universität Würzburg. Dort gründete er die BEEgroup, die sich auf die Grundlagenforschung der Biologie der Biene konzentriert. Daneben ist Jürgen Tautz aktiver Förderer der Biowissenschaften in der breiten Öffentlichkeit.

Im Jahr 2009 startete er das Projekt HOBOS (HOneyBee Online Studies – www.hobos.de). Diese Online-Plattform für Forschung und Bildung ermöglicht es Wissenschaftlern, Studenten, Schülern und allen anderen, Einsicht zu nehmen in Daten und Bilder aus einer mit Sensoren und Kameras ausgestatteten Bienenbeute. So kann man auf einzigartige Weise erleben, was im Herzen eines Bienenvolks vor sich geht.

FLEISSIGE BIENEN

Jürgen Tautz betrachtet ein Bienenvolk als Superorganismus, also eine Einheit, die aus einer Vielzahl einzelner Organismen besteht. Sie kooperieren untereinander und folgen als Ganzes den gleichen biologischen Gesetzen wie das Individuum. Dieser Superorganismus verfolgt ein einziges Ziel: neue, möglichst perfekte Bienenvölker hervorzubringen. Bienen wagen sich in die Welt hinaus, um Stoffe und Energie zu ernten und um sich einmal jährlich vom Muttervolk abzulösen und ein neues Volk zu gründen. Anders ausgedrückt: sich fortzupflanzen. Die Grundlagen dazu sind Propolis als Mörtel und Antiseptikum der Beute, Pollen als Nahrung für die Brut sowie die von den Pflanzen aufgenommene und als Zucker gespeicherte Sonnenenergie.

Die Blütenpflanzen sichern das Überleben der Honigbienen, die ihrerseits als Gegenleistung gewährleisten, dass sie Früchte bilden können. Vögel, Wind, Käfer, solitäre Bienen, Schmetterlinge und viele andere – sie alle tragen zur Bestäubung der Pflanzen bei. Die Honigbienen sind jedoch ihre aktivsten Verbündeten. Ungefähr 170 000 Blütenpflanzen werden von den Bienen bestäubt, darunter sind 40 000, für die es eine Frage des Überlebens ist. Zur Beruhigung: Der ungeheure Fleiß eines Bienenvolks macht es möglich, dass an einem einzigen Tag mehrere Millionen Blüten aufgesucht werden können!

»Wenn ein Mensch das Nektarsammeln auf den Blüten organisieren müsste (...), bräuchte er, um dies zufriedenstellend tun zu können, umfangreiche Informationen zur Verfügbarkeit von Nektar und Pollen. Und weil sich die Situation ständig verändert, müssten auch die Daten unablässig aktualisiert werden. Er müsste außerdem die allgemeine ökonomische Situation des Volks berücksichtigen.« Um bei dem Bild von Jürgen Tautz zu bleiben, müsste dieser Mensch ständig den Bestand an Sammlerinnen mit den reellen Bedürfnissen der Organisation und der Verfügbarkeit der Ressource abgleichen, und sie dann auch noch in die richtige Richtung schicken, wo sich die Ressource befindet. Doch bei den Bienen gibt es kein zentrales Organ, das die Übersicht über all diese Parameter hätte.

Wie machen sie es also? Kundschafterinnen und Sammlerinnen entwickeln in der Umgebung des Nestes ein Informationsnetz, das aus Aufklärungsflügen gespeist wird und dem keine einzige Blüte entgeht. Theoretisch kann dieses Netz 400 Quadratkilometer umfassen, wobei sich eine Biene höchstens zehn Kilometer weit vom Nest entfernt. Die Informationen verbreiten sich im Bienenvolk, indem sie durch eine Vielzahl an Mikrokontakten weitergegeben werden. Wird eine ergiebige Nektarquelle entdeckt, ziehen sich die Maschen des Informationsnetzes enger zusammen, weil zahllose Sammlerinnen sich auf den Weg zu der Quelle machen und bei ihrer Rückkehr in das Volk darüber berichten. Dies führt dazu, dass immer mehr Bienen ausfliegen. Die Sammlerinnen können so ihre Anzahl vervielfachen, damit sich so viele Bienen an der Nektarquelle aufhalten, wie sie fassen kann – von einigen Hundert bis über 10 000 Tiere.

Genauso »weiß« das Volk, an welchen Ressourcen es ihm fehlt, Nektar oder Pollen. Auch hier wird die Information im Innern der Beute weitergeleitet. Man kann beobachten, wie sich der Anteil der Bienen, die für Nektar zuständig sind, und der Tiere, die Pollen sammeln, zahlenmäßig umkehrt. Jürgen Tautz nennt das »einen dezentralisierten Verteilungsmechanismus, der autonom strukturiert wird«.

Es wäre unklug, von dieser Art der Organisation abzuleiten, dass sich alle Bienen ähnlich sind. Jürgen Tautz befestigte Mikrochips auf dem Rücken junger Bienen, sodass er sie bei jedem Schritt in ihrem Leben begleiten konnte. Dabei stellte er fest, dass sie sehr unterschiedliche Charakterzüge aufwiesen. Manche Sammlerinnen waren eher träge und begnügten sich mit ein bis zwei Ausflügen pro Tag. Andere, regelrechte »Workaholics«, flogen zehnmal täglich zum Sammeln aus oder noch öfter. Die einen waren friedfertig, andere dagegen aggressiv, was Jürgen Tautz vielleicht zu der Aussage inspirierte: »Das, was man bei der Arbeit mit Bienen lernen kann, ist so erstaunlich, dass es jede erdenkliche Mühe wert ist.«

Dieser einzigartige Bienenstand inmitten eines Kastanienwaldes im Nationalpark der Cevennen zählt 250 Klotzbeuten. Er ist im Besitz von Privatpersonen und wird heute von einer Imkervereinigung instand gehalten, die den Honig der 20 noch besiedelten Beuten erntet.

KLOTZBEUTEN UND BIENENKÖ

RUSSLAND

SLOWENIEN

KAMERUN

DEUTSCHLAND

SCHWEIZ

MEXIKO

KLOTZBEUTEN UND BIENENKÖRBE

HONIGREITER

Das Dorf Gadel-Gareyero liegt im hinteren Teil einer von Wäldern umgebenen, weiten, grasbewachsenen Senke. Wir sind in Baschkirien, an den Ausläufern des Urals. Jede *Isba* besitzt einen Garten und in der Hälfte davon stehen um die 40 farbige Bienenstöcke. Doch nicht ihnen verdankt die baschkirische Imkerei ihren Ruf, sondern den Baumbeuten, den *Bortyes*. Die ältesten Spuren der von Menschenhand bearbeiteten Bäume finden sich schon am Ende der Jungsteinzeit vor rund 4000 Jahren. Damals brannten die Cheremis-Tataren natürliche Baumhöhlen in Eichen mit Stroh aus, um die Gerbstoffe zu entfernen. Dann bestrichen sie sie mit Wachs, um Bienen anzulocken. Als das Eisen aufkam und man die Baumstämme aushöhlen konnte, weitete sich diese Praxis aus.

Im 14. und 15. Jahrhundert wurden das Wachs der *Bortyes* bis nach Brügge und Hamburg verkauft und der Honig zu Met verarbeitet. Ende des 17. Jahrhunderts verbot der Zar die Baumbeuten wegen der Waldbrandgefahr. Nur die Baschkiren durften das Privileg behalten. Die *Bortyes* haben die Zeit der Sowjetunion mehr schlecht als recht überstanden, doch dank der Anstrengungen des Direktors des Reservates von Shulgan Tash, in dem 22 500 Hektar dem Schutz der lokalen Bienenart gewidmet sind, haben sie ihr Ansehen heute wiedergewonnen. Der Honig der 200 *Bortyes* im Reservat sichert die Hälfte des Budgets und wird in Feinkostläden verkauft.

Die Ernte beginnt im September. Sabit Galin ist Bienen-Wildhüter. An diesem Morgen bricht er zu Pferd auf. Seinen Smoker, ein eisenummanteltes Holzbehältnis und ein geflochtenes Seil hat er hinten am Sattel befestigt. Der Wald besteht aus Linden, Eichen, Lärchen und Kiefern, von denen sich das Weiß der Birken abhebt. Nach einem vierstündigen Ritt gelangt er an eine riesige Kiefer mit dem Zeichen der Familie Sabit auf der Rinde. Diesen Baum hat sein Urgroßvater ausgewählt, weil es ringsum Bienenweiden und einen Wasserlauf gibt. 30 Jahre danach höhlte der Sohn, der Großvater von Sabit, den Baum so aus, dass eine Öffnung von 80 Zentimetern Höhe und 30 Zentimetern Breite entstand, auf der einen Seite mit einem engen Eingang für die Bienen, auf der anderen mit einem breiten Zugang für die Honigernte. Sabit hievt sich zehn Meter in die Höhe, wobei er den Baumstamm mithilfe des Lederseils umspannt. Zuerst öffnet er die Maschengitter, dann die dichten Holzläden, die die Bienen gegen Bären und Kälte schützen. Heute zählt man einen Bären auf sieben Quadratkilometer und Sabit kann sich noch gut daran erinnern, wie 1979 fast 50 *Bortyes* geplündert wurden. Sabit löst die honigtriefenden Waben nacheinander heraus und deponiert sie in seinem Holzbehälter. Er achtet darauf, dass den Bienen genug Nahrung übrig bleibt, doch auch nicht zu viel, weil der Wassergehalt des Honigs zur Eisbildung in den Waben führen kann. Die Winter in Baschkirien sind sehr hart, manchmal sinkt die Temperatur unter −35 °C. Sie dauern von Oktober bis April. Die Burzyan-Bienen überleben dank ihrer umsichtigen Strategie. Die Königin legt im Frühjahr, wenn die Trachten unsicher sind, wenig Eier und macht sich dafür im Juni ans Brutgeschäft, wenn die Linden blühen und es drei bis vier Monate lang Nahrung in Hülle und Fülle gibt.

Issangugin Sentimir erntet einen *Bortye*, eine Baumbeute. Um ein Bienenvolk zu beherbergen, wurde der Stamm der Tanne vor mehreren Generationen ausgehöhlt.

Die Bienen-Wildhüter des Reservates von Shulgan Tash reiten zu ihren *Bortyes*. Die Baschkiren, schon immer ein Volk von Pferdezüchtern, setzen die Pferde noch heute zur Fortbewegung und zur Feldarbeit ein.

Aber wer ist diese Burzyan-Biene, die in der Lage ist, fünf Monate Frost zu überleben? Ganz einfach: Es ist unsere Dunkle Europäische Biene oder *Apis mellifera mellifera*. Während der letzten Eiszeit, die sie als Einzige überlebte, war sie nach Südfrankreich geflüchtet und eroberte in der Folgezeit ein riesiges Territorium zurück, das von Nordengland bis Oslo und bis an die Grenzen des Urals reicht. Die Idee, einen Platz zu schaffen, um einen reinen Stamm dieser Bienen zu bewahren, entstand Anfang der 1930er-Jahre, als ein Moskauer Professor die Burzyan-Bienen inmitten des heutigen Reservates entdeckte. Das Projekt konnte erst 1958, nach dem Tod Stalins, realisiert werden, und seit 1995 ist die Einfuhr anderer Bienen nach Baschkirien untersagt.

Sabit Galin kehrt zu Fuß neben den mit Honig beladenen Pferden zurück. Er hat zehn Bäume abgeerntet, in einer Jagdhütte übernachtet und sich von den Produkten des Dorfes ernährt: Tomaten, Kartoffeln, hartgekochte Eier, Gurken, Sauerteigbrot und die unverzichtbare saure Sahne.

»Als ich den einzigen Dorfladen aufsuchte, um Tee für die Honigernte zu kaufen, war ich überrascht, dass es dort keine frischen Produkte gab. Der nächste echte Supermarkt befindet sich in der vier Stunden entfernten Stadt Ufa. Das liegt nicht daran, dass es keine Infrastruktur gibt – ich kam schließlich über eine Bundesstraße hierher. Doch kauft man hier nur das ein, was man selbst nicht anbauen oder züchten kann. Die Menschen leben nahezu autark und sind stolz darauf. Während der vier- bis fünfmonatigen warmen Jahreszeit verbringen sie zehn, ja 15 Stunden täglich im Freien. In der übrigen Zeit bearbeiten sie Leder oder Holz. In Gadel-Gareyero habe ich eine Bescheidenheit angetroffen, die jedoch nichts an der Freigiebigkeit der Menschen ändert, besonders gegenüber durchreisenden Fremden.«

Zehn Meter über dem Boden verscheucht Sabit Galin die Bienen mit seinem Smoker, nachdem er die Holzklappen entfernt hat, die die Aushöhlung verschließen. Bei der Ernte geht es sehr penibel zu: Heruntertropfender Honig wird sorgfältig weggewischt, damit weder Bären noch Ameisen sich über die Baumbeute hermachen. Da es sehr viele Bären gibt, müssen die Imker, die im Wald ihren Honig ernten, sehr wachsam sein.

Zum Mittagessen bereitet Sabit eine frisch geerntete Wabe vor. In jedem Baum hat er zehn bis zwölf Kilogramm Honig zurückgelassen, damit die Bienen über den Winter kommen. Der Honig, der sich aus dem Nektar zahlreicher, im Reservat vorkommender Blütenarten zusammensetzt, hat einen ausgeprägten Lindenblütengeschmack. Der baschkirische Nationalpark umfasst fast 200 000 Hektar Wald, in dessen Mitte sich das Reservat von Shulgan Tash befindet. Es ist das erste Refugium der Welt, das sich dem Schutz des genetischen Erbes einer einzigen Biene widmet, der Burzyan-Biene. Mit dem Reservat wurde auch die *Bortyes*-Imkerei wiederbelebt, und ihr wilder Honig erlebt gerade einen Aufschwung.

Ein Imker bei der Ernte auf einem Familienbaum. Die Markierung der Bäume wurde durch die Verwaltung der Khans eingeführt, als die goldene Horde zwischen dem 13. und dem Anfang des 16. Jahrhunderts den Süden Russlands besetzte. Die Honigbäume der einzelnen Familien sind 200 bis 300 Jahre lang in Gebrauch. Der Honigbehälter, ein mit Eisen ummantelter Holzzylinder, die geflochtene Lederkordel und das gebogene Brettchen, das sich der Form des Baumstamms anpasst und auf dem der Imker stehen kann, haben sich seit Generationen nicht verändert.

Im Klassenzimmer von Gadel-Gareyero bringt Rafic Yumaguzhin seit 1993 der Dorfjugend die Imkerei näher. Sein Unterricht in der Sekundarstufe ist zwei Jahre lang Pflichtfach in den ländlichen Gebieten Baschkiriens. Bäuerliche Tätigkeiten zum Lebensunterhalt werden dort noch immer hochgeschätzt. Gerade in den ländlichen Gebieten, die traditionell als Selbstversorger gelten, hat sich merkwürdigerweise der in ganz Russland vorherrschende Bevölkerungsrückgang umgekehrt.

„...Бал ҡорто кәсебе йәһәтенән башҡорттарҙы
уҙып киткән берәй халыҡ бармы икән...“
П.И.Рычков
ученые

Matiaš

KLOTZBEUTEN UND BIENENKÖRBE

DIE FARBEN DES LEBENS

Das Städtchen Breznica erstreckt sich bis an eine fruchtbare Ebene am Fuß eines steilen, mit Wald bedeckten Bergs, zwischen dessen Bäumen immer wieder der graue Fels herausragt. Am Ende eines schmalen Weges, der zwischen blühenden Gärten hindurchführt, steht inmitten einer Obstbaumwiese ein Bienenhaus. Jede der 72 Beuten ist mit unterschiedlichen Szenen bemalt, deren Farbe im Lauf der Jahre schon etwas verblasst ist. Zu sehen sind beispielsweise Engel, die auf einem Feld aussäen, ein Elefant gefolgt von einem Dromedar, ein Bär auf einem Schubkarren, ein Wichtelmännchen, das von einem Käfer verfolgt wird ...

Wir befinden uns in der Hohen Krain im Bienenhaus von Anton Janscha. Dieser 1734 geborene Bauernsohn, Imker und Volksmaler, verließ im Alter von 32 Jahren seine Heimat, um an der Kunstakademie in Wien zu studieren. Als drei Jahre später der Agrarverband Niederösterreich einen Imker suchte, bekam Anton Jansa die Stelle. Im folgenden Jahr, 1770, ernennt die Habsburger Kaiserin Maria-Theresia, die sich der wirtschaftlichen Bedeutung der Bienen bewusst ist, Janscha zum ersten Hofimkermeister am Kaiserlichen Hof in Wien.

Neben seiner Lehrtätigkeit verfasste Jansa seine *Abhandlung vom Schwärmen der Bienen*. Als passionierter Beobachter verbrachte er Stunden vor seinen Bienenvölkern. Er widerlegte die Theorie, nach der die Drohnen die Aufgabe haben sollen, die Brut zu wärmen. Er stellte die Geschlechterverteilung in den Völkern fest, beobachtete, dass in Abwesenheit einer Königin die Arbeiterinnen Eier legen, aus denen Drohnen schlüpfen. Vor allem war er der Erste, der begriff, dass die Königin auf ihrem Hochzeitsflug begattet wird. Und als europäische Gelehrte meinten entdeckt zu haben, wie sich ein Schwarm bildet, fegte Janscha diese Neuigkeit einfach vom Tisch mit den Worten: »Die derzeitigen Schriftsteller und Imker beanspruchen dies für ihr eigenes Geheimnis und Wunder, ich aber mit meiner 32-jährigen Imkererfahrung in der Hohen Krain weiß, dass das schon lange bekannt war.« Die Antwort eines Bauernexperten gerichtet an die belesenen Wissenschaftler.

Unter Janscha wurden die in der Hohen Krain üblichen Klotzbeuten in den meisten Fällen durch Holzkästen ersetzt. Ihr Fassungsvermögen, rund 40 Liter, zeugt von einer blühenden Honigimkerei, die auf das reiche Buchweizenvorkommen zurückzuführen ist. Der seit dem 11. Jahrhundert überall angepflanzte Buchweizen revolutionierte die slowenische Imkerei. Im Frühling gab es das in den Alpen vorkommende Heidekraut in Hülle und Fülle, im Herbst kam noch der Buchweizen hinzu. Als 1857 ein Artikel in einer Imkerfachzeitschrift über die Krainer Biene, *Apis mellifera carnica*[1], veröffentlicht wurde, bestand danach ein großes Interesse an ihr. Zwischen 1872 und 1904 verschickte Michael Ambrozic, einer der aktivsten Förderer der Krainer Biene, über 40 000 Völker und verkaufte 74 343 Königinnen bis nach Wladiwostok. Die Zahl der zwischen 1858 und 1918 aus Slowenien exportierten Bienenvölker wird auf 500 000 geschätzt.

Die Gründe für diesen Erfolg? Die Krainer Biene hat sich auf einer Nord-Süd-Achse von Montenegro bis Deutschland und auf einer Ost-West-Achse von Rumänien bis zu den italienischen Alpen entwickelt, doch die Slowenen beanspruchen die Urheberschaft ausdrücklich für sich. Da sie mit rauen klimatischen Bedingungen zurechtkommen muss, hat diese Biene gelernt, dass sie zum Überwintern ihren Bestand reduzieren muss. Die Königin stellt die Eiablage ab Oktober ein und beginnt damit erst wieder im Februar,

1) In Europa gibt es drei Bienenunterarten: die Krainer Biene (Apis mellifera carnica), die Dunkle Europäische Biene (Apis mellifera mellifera) und die am weitesten verbreitete Italienische Biene (Apis mellifera ligustica).

Das Bienenhaus von Anton Janscha, dem berühmtesten Imker Sloweniens, war auch der Schauplatz seiner eigenen Beobachtungen.

Die Imker-Bank in Radovjlica wurde 1904 erbaut und ist ein Zeugnis für die Bedeutung der Imkerei in der slowenischen Wirtschaft.

IZDELOVANJE ČEBELJIH PANJE
MIZARSTVO
K R Ž E
Idrijska 10, 1360 Vrhnika, tel. 01/ 755 13 17, GSM 041 420

damit die Bienen für die ersten Trachten im April bereit sind. Durch diese explosionsartige Entwicklung im Frühling können sie schnell schwärmen, eine Eigenschaft, die von den Bienenexporteuren sehr, von Honigproduzenten deutlich weniger geschätzt wird.

Doch vor allem besitzt die Krainer Biene einen sanften Charakter: Man kann ohne Angst vor dem Abflugbrett arbeiten, und wenn man die Beute öffnet, bleiben die Bienen brav auf den Rähmchen sitzen, anstatt in alle Richtungen davonzufliegen.

»Vor 400 Jahren war die slowenische Imkerei erstaunlich gut strukturiert und sie ist es heute wieder. Da Slowenien ein kleines Land ist und drei Viertel der 10 000 slowenischen Imker der Imkervereinigung Sloweniens angehören, lassen sich Informationen leicht zentralisieren. Die Imker tauschen untereinander Daten über die Trachten aus und stehen im Dialog mit der Regierung. Der Sitz der Vereinigung ist ein Zentrum für Vorträge, Bildung, Dokumentationen und die breite Öffentlichkeit.

Die Slowenen wissen, dass sie einen Trumpf im Ärmel haben. Sie waren so klug, die Krainer Biene unter Schutz zu stellen, ein hohes Gut in einer Zeit, in der die westliche Welt dringend Bienen braucht. Es bleibt abzuwarten, wie sich die Regelungen der Europäischen Union auf die slowenische Imkerei auswirken. Diese blühte auf, als in Slowenien noch ein Gleichgewicht aus Viehhaltung und Buchweizen bestand, das die Bevölkerung ernährte. Doch der Buchweizen stirbt langsam aus.

Die Slowenen haben es verstanden, sich das Gute aus ihrem Imkerwissen zu bewahren, vor allem die Bienenhäuser. Ich bin mit einem Imker befreundet, der in Frankreich im Hérault in 1000 Metern Höhe lebt und seine Bienen zum Überwintern an die Mittelmeerküste bringt. Dabei hat er einmal die Hälfte eines Bienenbestandes verloren. Nun denkt er für die Überwinterung über ein Bienenhaus nach.«

Die Bienenhäuser kamen im 15. Jahrhundert auf, als die Klotzbeuten nach und nach durch Holzkästen ersetzt wurden. Die Volksmalerei an der Stirnseite der Beuten entstand im 18. Jahrhundert, zuerst von religiösen, dann von Alltagsszenen inspiriert.

Der 35-jährige Andrey Rizic ist Vermessungsingenieur und im Winter ehrenamtlicher Rettungsassistent in seinem Tal Bohinjska Bistrica. Mit dem Imkern hat er im Alter von 15 Jahren angefangen und er arbeitet nun daran, seinen Bestand auf tausend Völker zu erhöhen und Profi zu werden.

Das goldene Zeitalter der slowenischen Imkerei lag im 17. und 19. Jahrhundert. Damals war sie der bedeutendste Zweig der slowenischen Landwirtschaft und basierte auf dem allgegenwärtigen Buchweizen. Im 19. Jahrhundert exportierte das Land Königinnen und Schwärme nach ganz Europa. Die einheimische Krainer Biene ist bekannt für ihre guten Eigenschaften wie Sanftmut, Anpassungsfähigkeit an ungünstige Witterungsverhältnisse und Widerstandkraft gegen Kälte und Krankheiten.

1908
1897
1875

KLOTZBEUTEN UND BIENENKÖRBE

NÄCHTE VOLLER ÜBERFLUSS

Nana Saidou, mit Spitzbart und weitem blauem Bubu, verkauft seinen Honig, den er im Buschland während der Blüte im Frühjahr und Sommer geerntet hat, in Ngaoundal oder Yaoundé. Schon mit 19 Jahren hat Nana Honig in 650-Milliliter-Flaschen am Bahnhof von Ngoundal verkauft, und zwar um vier Uhr morgens, wenn der erste Zug in die Hauptstadt Yaoundé abfuhr. Seither zieht er auf den roten Laterit-Straßen durch Adamaoua. Diese Provinz, in der Mitte Kameruns gelegen, befindet sich zwischen Sahel und tropischem Urwald und ist ein Paradies für Bienen. Die Savanne mit ihrem Hochland bildet ein Wasserreservoir für Kamerun und bietet mit ihren blühenden Bäumen (zum Beispiel Mango, Akazien, Nere) Nektar in Hülle und Fülle, zusätzlich den Pollen der Süßgräser. Für die Gbayas, traditionell Farmer, und die Fulbe, tradtionell Züchter, ist der Honig die einzige Bargeldquelle. Der Anbau von Maniok, Mais, Papayas und Bananen sorgt für das tägliche Auskommen.

Im Dorf Dengboya, 30 Kilometer von Ngaoundal entfernt, »züchten« 60 Männer Bienen. Die Bienenkörbe in Form eines länglichen Kegels bestehen aus einem Bastgeflecht, das mit Zweigen der Raphiapalme bedeckt ist. Joseph besitzt 110 dieser Bienenkörbe, die er in den Bäumen platzierte, nachdem er dort einen Wachsköder ausgelegt hatte. Die Natur tat das Übrige und so sind jetzt, zu Beginn der Imkersaison, bereits 80 davon mit Bienen bevölkert, die sich spontan darin niedergelassen haben. Obwohl der 24-jährige Joseph die Schule der französischen Schwestern in Ngaoundal besucht hat, brach er ins Buschland auf, um Bauer zu werden. Er hatte jede Hoffnung auf eine Arbeitsstelle in einem Kamerun, das von Korruption beherrscht wird, aufgegeben.

Zusammen mit seiner jungen Frau Solange haben sie ihre Holzhütte erbaut, das Dach aus Palmblättern geflochten und einen Hektar Savannenland urbar gemacht. An diesem Abend wollen sie die erste Ernte der Saison einholen. Sie nehmen den Weg durch ihre Felder und waten durch einen Bach, in dessen Nähe ein Python haust. Der Vollmond verleiht der Savanne das Aussehen eines ruhigen Meeres. Die Silhouetten der Bäume heben sich gegen den Himmel ab und man kann die Bienenkörbe erahnen. Joseph legt T-Shirt und Sandalen ab, entzündet eine Fackel und klettert zu der Beute in zwei Metern Höhe hinauf. Die alarmierten Wächterinnen werden vom Rauch zurückgedrängt. Joseph zieht die Honigwaben heraus und führt sie durch die Flamme, um die Bienen darauf abzutöten. Dann reicht er sie an Solange weiter. Joseph arbeitet schnell, verzieht kurz das Gesicht, als er trotz Rauch gestochen wird.

Die nächtliche Ernte entschädigt die beiden für die fehlende Imkerschutzbekleidung angesichts einer Biene, die für ihre Reizbarkeit bekannt ist. *Apis mellifera adansonii* greift schon an, wenn sie den Klang einer Stimme hört oder menschlichen Schweißgeruch wahrnimmt. Sie fliegt sehr schnell und nutzt jeden Moment, in dem sie Nektar sammeln kann. Da die Bäume während der heißesten Stunden des Tages keinen Nektar produzieren, fliegt sie schon vor Sonnenuntergang zum Sammeln aus. Unerreicht ist ihr Putzverhalten. Sie schwärmt sehr gern, zwei- bis dreimal pro Bienenvolk, um so die Ausbeutung durch den Menschen auszugleichen, denn bei der traditionellen Erntemethode wird oft die Brut vernichtet.

Am Ende der Saison hat Joseph 900 Liter Honig geerntet und nach und nach an Nana verkauft. Dieser bietet ihn nigerianischen Großhändlern an, womit der größte Teil des Honigs aus Ngaoundal mit dem Lastwagen in Richtung Grenze, also 300 Kilometer nach Westen, transportiert wird.

Im Hochland findet man die mit Lockmitteln ausgestatteten Bienenkörbe. Damit die Körbe in wenigen Tagen bevölkert werden, ködert man die Bienen mit Wachs, Palmwein, Zuckerrohrsirup oder Maniokmehl.

Die Westafrikanische Biene ist angriffslustig. Die Imker müssen den Honig bei Nacht ernten, da sie keine Schutzkleidung besitzen.

»Nanas Geschichte hat mich sehr berührt. Er hat mir bei meiner Reportage sehr geholfen und wir sind in Kontakt geblieben. Wir beschlossen, eine Vereinigung zu gründen, damit die Imker ihre Honigproduktion besser verwerten können. Zuerst wollte ich 2009 eine Probe auf dem Apimondia-Kongress präsentieren. Am Bahnhof Saint-Lazare hatte ich einen Fünf-Liter-Kanister Honig bekommen, der nach einer Rundreise mit dem Zug bis Yaoundé, dann mit dem Flugzeug und danach wieder mit dem Zug, dort von einem Kameruner an mich übergeben worden war. Der Honig war ausgezeichnet, aber eine Woche später war er gegoren! Dann haben wir die Sache professioneller aufgezogen. 2013 gingen zwei befreundete Imkerinnen nach Ngaoundal, um zur Biologie der Biene und den Bedingungen für die Honiggewinnung ein Imkerpodium zu gründen. Sie erwogen, Bienenrassen zu importieren, die jedoch möglicherweise Krankheiten übertragen, denen die afrikanische Biene nicht gewachsen ist. Sie sahen aber auch die großartige Chance, mit einer Biene reiner Abstammung zu arbeiten, die frei von Varroamilben auf einem pestizidfreien Territorium lebt. Außerdem machten sie eine Bestandsaufnahme und Vorschläge, wie man die Imker ausstatten und ein gemeinschaftliches Honighaus bauen könnte. 300 Bienenkörbe wurden bereits aufgestellt sowie ein Bienenhaus zu Schulungszwecken. Ich hoffe, dass der Honig bald auch in Europa erhältlich ist. Alles in allem eine Geschichte, die gut anfängt!«

Joseph zieht die Waben an einer brennenden Fackel aus getrockneten Gräsern vorbei, um die Wächterinnen zu töten, die sich nicht in die Beute zurückgezogen haben. Er besitzt ungefähr 100 Bienenvölker, deren Honig er verkauft, seine wichtigste Bargeldquelle.

Ein Handwerker bringt die geflochtenen Beuten ins Dorf. Sie werden noch mit Palmzweigen oder Bananenblättern umwickelt.

KLOTZBEUTEN UND BIENENKÖRBE

DIE KÖRBE DER LÜNEBURGER HEIDE

»Mein Treffen mit einem Großvater, Nachkomme eines nachgewiesenermaßen seit 1605 bestehenden Imkergeschlechts, hat meine Sicht auf die Bienenkorbimkerei radikal verändert. Er hat mir die Notizen seiner Großmutter gezeigt: minutiöse Aufzeichnungen über das Bienenhaus, die von einem großen Wissen zeugen, das durch jede Generation bereichert wurde.

Ich habe immer gehört, dass man in Bienenkörben keine Königinnen halten könne. Das ist aber falsch. Die Imker in der Lüneburger Heide haben die Königinnen gezüchtet, sind mit ihnen gewandert und haben das Schwärmen kontrolliert. Manche besaßen 2000 Körbe, und das bis 1970! Es waren gebildete, immer korrekte Menschen, die mehrere Sprachen beherrschten, weil sie mit anderen europäischen Ländern Handel trieben. Ihre gekonnte und produktive Imkerei war Bestandteil der großen, traditionellen Landwirtschaft Europas. Es gelang ihnen auch, ein ökonomisches Gleichgewicht in einem Ungleichgewicht der Umwelt zu finden.«

Um die Imkerei der Lüneburger Heide zu verstehen, muss man die Heide selbst erst mal verstehen, eine weite Fläche, bewachsen mit Heidekraut und Wäldchen aus Wacholder, mit von Birken gesäumten Wegen. In Niedersachsen begann eine noch nie dagewesene Entwaldung, die sich bis ins 19. Jahrhundert fortsetzte. Der Grund dafür war, dass die Sachsen ihr Nomadenleben aufgaben und mit ihrer Landwirtschaft sesshaft wurden. Im 10. Jahrhundert begann die Ausbeutung der Salzminen und allein deswegen setzte die Stadt Lüneburg für die Trocknung der Flächen Tausende Hektar Land in Brand.

Die Abholzung der Wälder schuf Raum für die Heide, in der sich zwischen dem 12. und 19. Jahrhundert eine Landwirtschaft entwickelte, deren Fokus auf ihrer Nutzung lag. Die Heide wurde von Heidschnucken, einer urtümlichen Schafsrasse, beweidet, das Heidekraut wurde mit Wurzeln und Humus entfernt und als Streu verwendet, die ihrerseits zum Düngen der mageren Felder diente. Für einen Hektar Roggen oder Gerste waren zwei Hektar Heideland nötig. Daneben entwickelte sich die Heide zum Bienenland – die Heideimkerei stellte ein lebenswichtiges ökonomisches Standbein dar. Gegen Ende des 17. Jahrhunderts erreichte die Zerstörung der Wälder einen dramatischen Höhepunkt, wie der Bericht eines Forstinspektors aus dem Jahr 1872 verdeutlicht: »Zweimal mussten wir anhalten, weil Sandstürme jegliche Orientierung unmöglich machten. Wir sahen nur verlassene Bauernhöfe und keinen einzigen Menschen während unserer einwöchigen Reise von über 120 Kilometern.«

Im 19. Jahrhundert fand wegen des Imports von australischer Wolle und des Kunstdüngereinsatzes die Landwirtschaft in der Heide ein Ende. Der Rückkauf der bäuerlichen Landflächen durch die preußische Schatzkammer und den Klerus von Hannover führten zu einer Wiederaufforstung. Zuerst wurden Kiefern im großen Stil gepflanzt, die den Heidekrautbewuchs drastisch reduzierten. In den 1950er-Jahren wurde der Nationalpark Lüneburg geschaffen und die Heidelandschaft wiederhergestellt. Mit Kiefern, Heidekraut, Glockenheide und Wacholder war die Landschaft des 19. Jahrhunderts vor den Toren Hamburgs wieder zum Leben erwacht.

Sven Dunker beschloss, das Imkerwissen der Bauern fortleben zu lassen, die ihm dieses Bienenhaus übergeben haben. Zu Beginn des 20. Jahrhunderts zählte sein Dorf Eyendorf fast 74 Imker und über 3000 Bienenvölker.

Um präzise Rauch geben zu können und dabei die Hände frei zu haben, benutzen die Lüneburger Imker eine Pfeife. Die Bienenkörbe wurden bis in die 1970er-Jahre professionell genutzt. Sie wurden im Frühjahr mit der Bahn oder dem Lastwagen in die Wälder und im August ins Heideland transportiert. Heidehonig war schon immer teuer und geschätzt. Er wurde nach England exportiert.

Auch wenn die Heideimkerei auch vom Buchweizen und Klee lebt, so hat sie doch das Heidekraut zu dem gemacht, was es ist. Es bringt von Ende Juli bis September die stärksten Trachten und der Honig verkauft sich bis nach England. Um ihre Bienen darauf vorzubereiten, entwickelten die Imker die Strategie, die Völker durch Schwärme zu vermehren. Im Frühjahr überwacht der Imker sein Bienenhaus von Sonnenauf- bis -untergang. Wenn sich das Schwärmen ankündigt, befestigt er einen langen Leinensack am Flugloch. In wenigen Minuten füllt sich der Sack mit den Bienen samt der alten Königin. Der Imker kann nun den Schwarm in einen leeren Korb umsetzen. Während dieser Zeit, in der aus zehn Völkern 20 oder 30 hervorgehen, werden die Bienen ständig gefüttert. Diese Strategie beruht auf der Selektion einer robusten Biene, die bereitwillig schwärmt und in der Lage ist, dies mehrere Male zu wiederholen.

Die auf den Höfen gefertigten Bienenkörbe bestehen aus geflochtenem Stroh. Sie werden mit Holzspänen verbunden und mit Kuhfladen überzogen. Einige der noch heute verwendeten Körbe sind 100 Jahre alt. Bei der Ernte des Heidehonigs stellt der Imker einen leeren Korb mit der Öffnung nach oben unter die Beute. Beide werden durch eine Schnur zusammengehalten und dann etwa 30-mal geschüttelt, um die Bienen in die leere Beute umzufüllen. Danach muss man nur noch die honigtriefenden Waben ernten, während die Bienen damit beschäftigt sind, ihr neues Nest zu bauen.

Damit sich die Bienen zum Überwintern zu größeren Kolonien zusammenschließen, reduziert der Imker am Ende der Saison die Anzahl der Völker um die Hälfte oder ein Drittel, indem er die Königinnen eliminiert. Die Fütterung während der kalten Jahreszeit beläuft sich auf 10 bis 15 Kilogramm Zucker (früher wurde Buchweizenhonig benutzt) pro Volk. Für die Inspektion der Bienenkörbe und für die oben beschriebene Erntemethode muss der Imker beide Hände frei haben, um den Korb umdrehen, ihn mit dem leeren verbinden, ihn durchschütteln und die Waben entfernen zu können. Zu diesem Zweck wurden die Räucherpfeifen erfunden, die die Imker der Lüneburger Heide so wunderbar retro aussehen lassen.

Heinrich Inselmann fegt die Bienen mit einem Gänseflügel weg, damit sie nicht getötet werden, wenn er den Korb nach der Inspektion wieder an seinen Platz zurückstellt. Sein Bienenhaus in Neuenkirchen ist 100 Jahre alt, genau wie einige seiner Beuten.

SCHWEIZ
Im Gebirge sind die Bienenhäuser oft über der Wohnetage untergebracht. Man trifft diese Bauweise in den Alpenregionen, in Frankreich, in der Schweiz, in Österreich und Slowenien an. Nur die farbenfrohen Flugbretter lassen erkennen, dass hier Bienen zu Hause sind.

Das Bienenhaus von Willy Debely befindet sich in 800 Metern Höhe in Val-de-Ruz, im Kanton Neuchâtel. Die Bienenvölker sind von innen zugänglich. Genau wie die traditionellen Imker in Niedersachsen benutzt auch Willy eine Räucherpfeife.

Le pollen

MEXIKO – YUCATAN

Leydi Araceli Pech Martin verschließt den Eingang zu einer Klotzbeute oder *Jabone* mit Schlamm. Zusammen mit sieben anderen Frauen hat sie eine Vereinigung gegründet, die sich dem Schutz der stachellosen Maya-Bienen, *Melipona beecheii*, widmet. Die Frauen betreiben auf den bewaldeten Hügeln im Zentrum der Halbinsel ein Bienenhaus mit 30 Klotzbeuten und verkaufen den Honig sowie andere Erzeugnisse an die Touristen der Karibikküste.

Diese Biene mit den grauen Augen war die wichtigste Spezies, die von den Maya gezüchtet wurde, und der Honig ihr größter Reichtum. Die spanischen Eroberer, die im 16. Jahrhundert auf der Halbinsel landeten, entdeckten im Schutz der Palmdächer Bienenhäuser mit Tausenden von Klotzbeuten. Die Archive der spanischen Krone vermerken 277 Tonnen Wachs als erhobene Steuerabgaben für die Provinz Yucatan im Jahr 1549.

Melipona beecheii lebt in Gemeinschaften von ungefähr 3000 Tieren. Wenn diese Biene auch in etwa die gleiche Größe wie die europäische hat, so unterscheidet sie sich doch in mindestens einem Punkt. Auf drei bis sieben Larven kommt eine neue Königin, sodass die alte Königin ohne Zwischenfälle mit rund 50 jungfräulichen Königinnen zusammenlebt.

DER EXPERTE

BIENENDEMOKRATIE

Wenn man einen Bienenschwarm beobachtet, der an einem Ast im Baum hängt, nimmt man zuerst nur einen summenden Insektenhaufen wahr. Geht man etwas näher heran, kann man hektische Aktivität auf seiner Oberfläche ausmachen. Einige Bienen wenden sich mit vibrierendem Abdomen einander zu, andere fliegen urplötzlich davon und wieder andere scheinen sich passiv zu verhalten. Doch in der Mitte der wuseligen Masse Insekten sitzt, von außen nicht sichtbar, die Königin. Nicht das Geringste lässt darauf schließen, dass hinter diesem augenscheinlichen Chaos eine unglaublich demokratische Debatte stattfindet.

Beim Schwärmen verlässt ein guter Teil des Bienenvolks, um die 10 000 Arbeiterinnen, die Beute zusammen mit der alten Königin, um ein neues Volk zu gründen. Daher stellt sich die überlebenswichtige Frage nach einer geeigneten neuen Behausung.

Der Schwarm kann durchaus mehrere Tage lang an einem Ast hängen. Eine Delegation aus 300 bis 500 Kundschafterinnen macht sich auf den Weg, um die ideale Wohnstatt zu finden. Dabei handelt es sich um ehemalige Sammlerinnen, die als die erfahrensten Bienen gelten. Sobald eine Kundschafterin einen geeigneten Ort entdeckt hat, erforscht sie ihn ganz genau. In weniger als einer Stunde führt sie sowohl innen als auch außen bis zu 30 Inspektionen durch. Sie misst den Innenraum der Höhle aus, bestimmt die Größe des Eingangs, den Abstand der Höhle zum Boden und sie schätzt den Standort in Bezug auf Wind und Sonne ein. Danach kehrt sie zurück, um den anderen durch einen Schwänzeltanz auf der Oberfläche des Schwarms von ihrer Entdeckung zu erzählen. Durchschnittlich 80 Standorte[1] werden auf diese Weise den anderen Bienen vorgestellt, wobei jede Kundschafterin versucht, die Aufmerksamkeit ihrer Artgenossen auf sich zu ziehen. Sobald sich eine andere Kundschafterin von dem Tanz überzeugen lässt, fliegt sie in die angegebene Richtung, um sich ein eigenes Bild von dem Standort zu machen. Meint sie, dass er sich eignet, dann führt sie bei ihrer Rückkehr ebenfalls einen Tanz auf.

Doch wie wählt ein Schwarm seinen zukünftigen Standort aus, der ja, wir erinnern uns, sein Überleben garantieren muss? Um dies zu begreifen, führte Thomas Seeley wiederholt Studien durch. 1975 stellte er die Kriterien auf, die aus einem Standort die ideale Behausung machen: Größe und Form des Eingangs, seine Ausrichtung, seine Lage in Bezug auf den Hohlraum, Volumen und Form dieses Raums, seine Feuchtigkeit, seine Lage in Bezug auf den Wind sowie das Vorhandensein oder Fehlen vorgefertigter Waben (wie diejenigen, die von den Imkern in ihre Beuten eingesetzt werden). Weil es extrem schwierig ist, all diese Kriterien zu erfüllen, ist auch die Anzahl der Kundschafterinnen im Schwarm so hoch.

Thomas Seeley führte seine Recherchen auf der Insel Appledore vor Maine durch: Er wählte sie wegen ihrer isolierten Lage und weil es auf ihr weder Bienen noch Bäume oder Höhlen gibt, die sich als Behausung eignen würden. Durch eine Serie von Experimenten mit mehr oder weniger guten Beuten, die er auf der Insel aufstellte, und mit unterschiedlichen Farben markierten Bienen konnte er sowohl herausfinden, welche Rolle jede einzelne Biene spielte und wie der Prozess einer gemeinschaftlichen Entscheidungsfindung ablief.

Vorschläge, Votum und Volksabstimmung

Ein Schwarm fliegt zuerst in Richtung eines potenziellen neuen Zuhauses, wenn genügend Vorschläge geprüft worden sind. Während der gesamten Schwarmphase werden gleichzeitig mehrere Standorte vorgestellt, und zwar von den Kundschafterinnen, die sie entdeckt und von den nachfolgenden, denen die vorgeschlagenen Orte zugesagt haben. Währenddessen werden dem Schwarm auch neue Entdeckungen mitgeteilt.

Nach und nach lässt das Interesse der Kundschafterinnen für bestimmte Orte nach, während es für andere steigt. In diesem erbitterten Wettstreit kommt es bisweilen vor, dass zwei Standorte im Finale stehen. Aber meistens fällt die Entscheidung für einen Ort nach zwei oder drei Tagen, auch wenn er erst am zweiten Tag der Suche vorgeschlagen wurde und bereits andere zur Wahl standen. Was führt zu dieser Zustimmung? Maßgebend ist der Enthusiasmus der Tänzerin, auch wenn sich jede Biene, die ihren Vorschlag annimmt, an Ort und Stelle begibt, um ihn für gut zu befinden. Je näher der Standort an die Idealbedingungen heranreicht, desto länger und intensiver fällt der Tanz aus. Wenn eine Kundschafterin bei ihrer Rückkehr von einem idealen Ort berichten will, dann absolviert sie durchschnittlich 90 Tanzrunden, was rund 135 Sekunden dauert, während eine andere nur 30 Tanzrunden in 45 Sekunden durchführt, um damit den anderen zu sagen: »Ich habe einen passenden Ort gefunden, aber er ist nicht perfekt.«

Dr. Thomas D. Seeley
USA

Umgekehrt werden auch manche Orte, die zuerst Begeisterung hervorriefen, nach und nach von den Kundschafterinnen wieder fallen gelassen. Dies erklärt sich teilweise durch die Tatsache, dass eine Kundschafterin, die einen Standort gefunden hat oder mit einem einverstanden ist, nach und nach das Tanzen einstellt. Es wirkt, als ob sie entschieden hätte, dass sie ihre Rolle erfüllt hat und nun anderen den Platz überlässt. Noch mehr erstaunt, dass es neben der positiven Begeisterung für einen neuen Ort auch eine Ablehnung gibt. Thomas Seeley hat beobachtet, dass der Schwänzeltanz einer Kundschafterin manchmal durch eine ihrer Schwestern unterbrochen wird, die sie mit dem Kopf anstößt und einen kurzen Ton von sich gibt. Diese Biene kann das Signal drei-, vier-, ja zehnmal von sich geben, bis die Kundschafterin endlich mit dem Tanzen aufhört.

Dieser unglaubliche Prozess der Entscheidungsfindung geht so lange weiter, bis sich alle Kundschafterinnen einig sind. Der Wahlausgang ist nicht das Ergebnis eines automatischen Konsenses, sondern das einer Volksabstimmung. Die Bienen kommen durch ein Quorum[2] zu diesem Ergebnis. Sobald am gewählten Standort rund 15 Kundschafterinnen zu sehen sind, ist die Wahl entschieden und findet die Zustimmung aller. Der Schwarm kann nun in seine neue Behausung aufbrechen.

Noch bemerkenswerter ist jedoch, dass diese Wahl immer auf den besten Vorschlag fällt. Dies ist eine der Schlussfolgerungen aus einem Experiment mit fünf Beuten, von denen nur eine einzige den idealen Rauminhalt aufwies. Der Test wurde über zehnmal mit unterschiedlichen Schwärmen wiederholt, und 95 Prozent wählten die ideale Beute.

Direkte Demokratie

Fast alle demokratischen Wahlen, die von uns Menschen durchgeführt werden, beruhen auf einem Mehrheitsvotum, also einem Konsens im Bezug auf gegensätzliche Interessen, einem festgefahrenen Wählerverhalten oder auch der Bedeutung der Spitzenkandidaten. Bei den Bienen handelt es sich um eine direkte Demokratie, wobei jedes einzelne Tier seine persönliche Wahl trifft und nicht über Repräsentanten abgestimmt wird.

Wenn auch der Wettstreit zwischen den Anhängern verschiedener Vorschläge oft erbittert ausfällt, weil die Kundschafterinnen den Standort ihrer Wahl energisch vertreten, so bleibt er doch immer freundschaftlich, weil sich die Bienen über das gemeinsame Ziel einig sind – das Überleben des Volks. Überdies teilen sie das angeborene Wissen über die Kriterien, die die Qualität einer Behausung bestimmen. Ihre Begeisterungsfähigkeit geht Hand in Hand mit ihrer Flexibilität: Wenn ein mittelmäßiger Standort viele Kundschafterinnen angezogen hat, so kann doch eine einzige Biene, die einen besseren entdeckt hat, das ganze Volk umstimmen. Seeley hat festgestellt, dass Bienen letztendlich sehr bescheiden sind. Sie bringen in ihrem demokratischen Prozess zum Ausdruck: »Ich glaube, etwas Interessantes entdeckt zu haben. Ich weiß nicht, ob es die ideale Wohnstätte ist, aber ich selbst ziehe sie in Betracht, lasse aber die beste gewinnen.«

Die große Anzahl an Kundschafterinnen und die im Schwarm herrschende Meinungsfreiheit fördern die Vielfalt der Vorschläge, denn jede Biene hat die Möglichkeit, sie zu bewerten und ihre Meinung zu äußern, ohne dass von den anderen Druck ausgeübt wird. Die Gruppe führt schließlich die Stimmen der einzelnen Mitglieder zusammen, unparteiisch und gerecht. Jede Kundschafterin hat eine Stimme und alle Stimmen sind gleich. Die Entscheidung fällt, wenn ein Quorum erreicht wird, das durch die Volksabstimmung zustande kommt. Und die Debatte zieht sich nicht unendlich in die Länge.

Bei seinen Vorträgen in der Fakultät betont Thomas Seeley immer, dass wir uns beim Auftauchen eines komplexen Problems fragen müssten: »Was würden jetzt die Bienen tun?«

Thomas D. Seeley ist passionierter Imker und Biologieprofessor an der Universität Cornell (Staat New York). Hauptthema seiner Arbeiten ist das Verständnis von kollektiver Intelligenz, vor allem bei Bienen. Zwischen 1980 und 1995 erforschte er die Vorgehensweise, mit der die Völker die Plätze lohnender Tracht auswählen. Die Einzelheiten dieser Arbeit sind in *The Wisdom of the Hive* (Harvard University Press, 1995) zusammengefasst (*Honigbienen – im Mikrokosmos des Bienenstocks*, Birkhäuser, 1997).

1995 konzentrierten sich seine Forschungen darauf, wie ein Schwarm seinen neuen Standort wählt, was in *Honeybee Democracy* (Princeton University Press, 2010) beschrieben wird (*Bienendemokratie*, S. Fischer, 2014).

Heute arbeitet Thomas Seeley an der biologischen Arterhaltung, um den Imkern Methoden näherzubringen, wie sie ihre Völker ohne Pestizide erhalten können – vor allem im Kampf gegen die Varroamilbe.

1) *Diese Zahl stammt von dem deutschen Ethologen Martin Lindauer, der zwischen 1950 und 1951 als Erster den demokratischen Prozess bei der Wahl eines neuen Standortes beobachtete.*
2) *Ein Quorum ist die Mindestzahl an Mitgliedern, die bei einer Beschlussversammlung anwesend sein müssen, damit die Abstimmung gültig ist.*

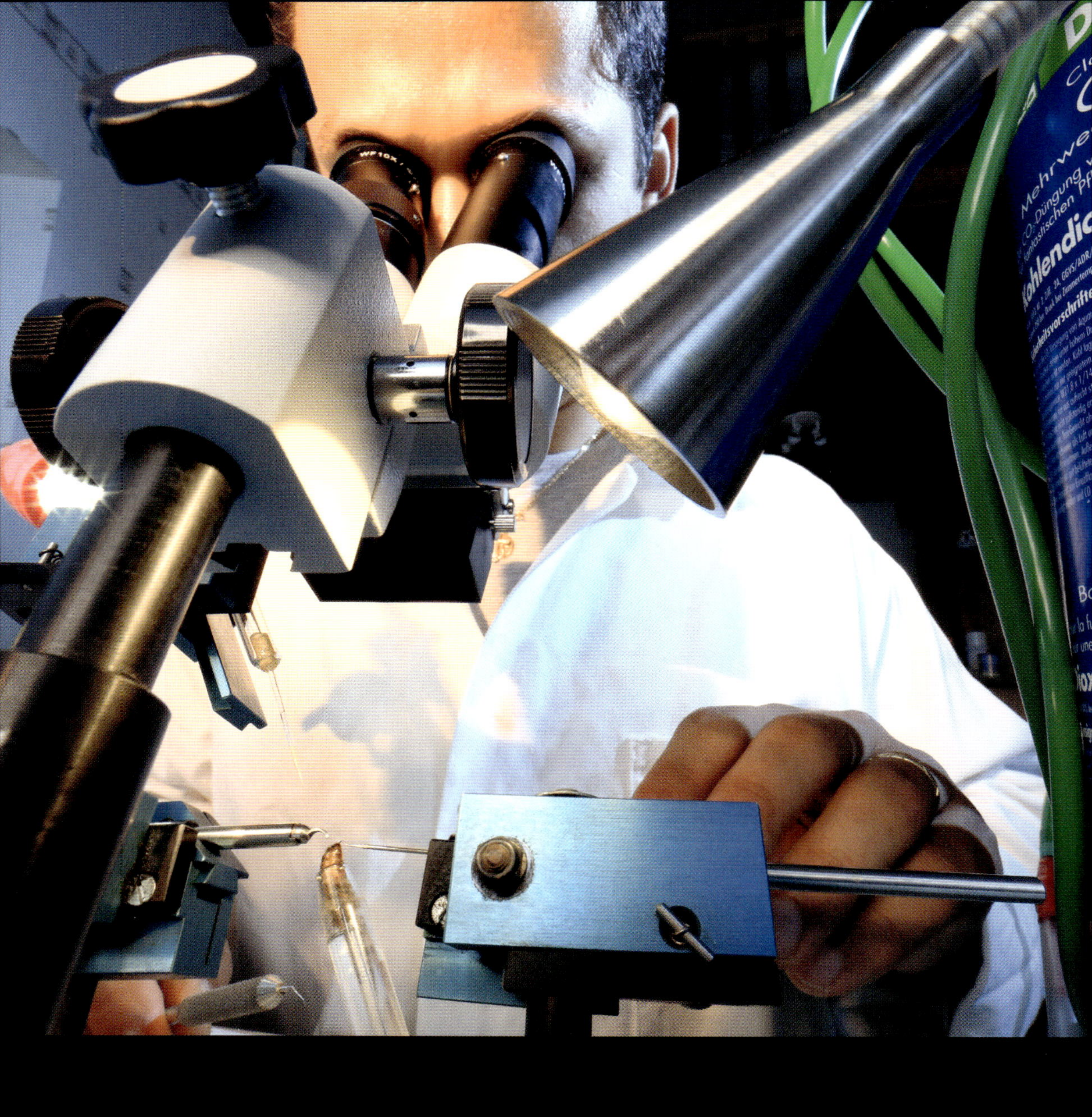

WACHSTUM UND VERMEHRUNG

Die ganze Vielfalt eines Bienenvolks zwischen zwei Rähmchen. Je nach Reifegrad wechseln Arbeiterinnen innerhalb ihres Volks ihren Aufgabenbereich. In den ersten Tagen ihres Lebens fungieren sie als Putzbienen, später, wenn sie Nahrung abgeben können, werden sie Ammen. Bis zum 15. Lebenstag sind die Wachsdrüsen voll ausgebildet, sodass die Bienen die sechseckigen Wabenzellen zum Aufbau des Nestes herstellen können. Danach werden sie Fächelbienen, die für die Regulierung der Temperatur und des Feuchtigkeitsgehalts in der Beute verantwortlich sind. Später werden sie zu Wächterinnen, die das Flugloch bewachen und gegen Angreifer verteidigen. Im Alter von drei Wochen fliegen sie aus, um Nektar, Wasser und Pollen für das Volk zu beschaffen, und werden damit zu Sammlerinnen. Wenn es ihnen dabei gelingt, den vielen Gefahren und Feinden zu entkommen, dann sterben sie nach mehreren Tagen bis Wochen an Erschöpfung. Die Lebenserwartung einer Biene beträgt im Frühjahr und Sommer 30 bis 40 Tage und im Winter mehrere Monate.

Zwei Ammen betreuen eine Königinnenlarve in ihrer Zelle. Die Zelle wird am Rand der anderen Wabenzellen – meist an den Kanten des Rähmchens – erbaut und ist an ihrer Größe und Form zu erkennen. Die Bienen bauen Königinnenzellen und betreuen die Larven der jungen Königinnen, sobald in einer überbevölkerten Beute das Pheromon der alten Königin abnimmt oder wenn ihre Eiproduktion zurückgeht.

Eine Königin schlüpft nach ihrem 16-tägigen Larvenstadium. Sie wird ausnahmslos mit Gelée royale ernährt, im Gegensatz zu den Larven der Arbeiterinnen, die es nur die ersten drei Tage lang bekommen. Die Königin ist größer als die übrigen Bienen. Sie misst 18 bis 20 Millimeter, eine Arbeiterin nur 14 bis 15 Millimeter. Die Königin bewegt sich viel langsamer über die Waben und ist ständig von ihrem Hofstaat umgeben, der über sie wacht. Eine Königin kann fünf Jahre alt werden und legt in dieser Zeit fast fünf Millionen Eier. Diese Fruchtbarkeit sucht in der Natur ihresgleichen.

Geburt einer jungen Biene. Mit ihren Mundwerkzeugen schneidet sie den Wachsdeckel auf, der sie bisher beschützt hat. Das befruchtete Ei, das die Königin ablegt, verwandelt sich in drei Tagen in eine Larve. Die Larve wird von den Bienen mit Gelée royale gefüttert und wächst sehr schnell heran. Nach drei Tagen besteht die Nahrung aus einem Brei aus Honig, Pollen und Wasser. Am zehnten Tag nach der Eiablage verschließen die Bienen die Zelle mit Wachs. In elf Tagen verpuppt sich die Larve und schlüpft dann am 21. Tag. Die Zeiträume können sich je nach Art oder Unterart der Biene unterscheiden.

Die Paarung findet in über zehn Metern Höhe im freien Flug statt. Die junge Königin, die erst vor fünf bis sechs Tagen das Licht der Welt erblickt hat, hat sich zuvor nur zu einem Erkundungsflug aus der Beute gewagt. Da sie geschlechtsreif ist, verlässt sie an einem schönen, windstillen Tag die Beute, um sich begatten zu lassen. Um ihre Samenblase aufzufüllen, paart sie sich mit mehr als einem Dutzend Männchen. Für die Drohnen, die ihr Begattungsorgan (Endophallus) aus ihrem Abdomen ausstülpen müssen, endet die Paarung tödlich. Das Paar fällt anschließend auf die Erde, die Königin befreit sich und lässt die Drohne leblos liegen.

22

Eine Königin, umgeben von ihrem Hofstaat. Sie steht im Zentrum des Geschehens. Durch das Markierungsplättchen auf ihrem Rücken kann der Imker ihr Alter und damit ihren Legezyklus erkennen. Im Alter von zwei Jahren hat ihre Fortpflanzungsfähigkeit den Höhepunkt erreicht. Sie kann täglich bis zu 2000 Eier legen, ein Ei pro Minute – mehr als ihr Eigengewicht an einem Tag. Heute werden Königinnen nach 18 Monaten ersetzt, vor 20 Jahren waren es noch vier bis fünf Jahre. Die sinkende Fruchtbarkeit der Königinnen ist eine Folge der wachsenden Unfruchtbarkeit der Drohnen, die nach den Aussagen der Imker auf die Pestizide zurückzuführen ist.

Die Kundschafterinnen eines Schwarms haben eine leere Beute gefunden und Tausende von Bienen machen sich auf den Weg dorthin. Bei ihrer Ankunft öffnet der Imker die Beute, um festzustellen, ob sich die Königin darin befindet. Er setzt Rähmchen ein, die die Bienen zum Bleiben bewegen sollen. Das Schwärmen findet zwischen April und Mai statt, wenn das Volk durch das überreichliche Nahrungsangebot gestärkt ist und reichlich Brut oder Königinnenzellen vorhanden sind. Einige Tage vor dem Abflug stopft sich etwa die Hälfte der Arbeiterinnen mit Honig voll. Jede nimmt 30 Milligramm Honig auf, um die nötige Energie für den Flug und den Bau des neues Nestes zur Verfügung zu haben.

Nachdem Verlassen des Muttervolks hat sich der Schwarm als Traube auf einem Kirschbaumast gesammelt, wobei sich alle Bienen um die Königin scharen. Sie bleiben hier, bis die Bienen ein neues Heim gefunden haben, was zwei bis drei Tage dauern kann. In dieser Zeit haben die Kundschafterinnen geeignete Orte ausfindig gemacht.

Bienen sind echte Baumeister. Wenn sie das Wabenwerk bauen, bilden sie Ketten aus ihren Körpern, die Bauketten, und reichen die weißen, an ihrem Abdomen produzierten Wachsschüppchen weiter. Eine anspruchsvolle und anstrengende Arbeit!

»Wer immer sich in die Bienenschule begibt, entdeckt in ihr die Weisheit der Bienen, die das Urwissen darstellt. Die Menschen haben dieser einfachen Weisheit den Rücken gekehrt: Sie vergessen die Felder und die Natur und ignorieren die Kenntnisse der Bauern, die doch diejenigen sind, die die Sprache der Bienen immer noch sprechen.«

Michel Onfray,
La sagesse des abeilles

UNGLEICHGEWICHT UND ERNEUERUNG

»Wenn ich erzähle, dass ich mit Bienen arbeite, taucht früher oder später die Frage auf: ›Ist es denn wahr, dass die Bienen aussterben?‹ Ja, es ist wahr.

In 15 Jahren habe ich über 40 Länder bereist, um mehr über Bienen zu erfahren. Wenn ich mir diese Jahre in Erinnerung rufe, dann fällt mir zuerst die Intensität, um nicht zu sagen, die Wucht der Gegensätze ein.

Geht man in Kamerun während der Saison durch die Savanne, sieht man überall Bienenschwärme. Das Leben explodiert und die ganze Dynamik der Bienen tritt zutage, wenn die Natur intakt ist. In der Maramuresch in Rumänien hat die jahrhundertealte Landwirtschaft die Landschaften geformt und dabei ihre Biodiversität erhalten. Bienenzucht und landwirtschaftliche Kulturen existieren nebeneinander. Die Bienen ernähren sich von den in Fülle vorhandenen Futterpflanzen und blühenden Obstbäumen, und sie sind bei bester Gesundheit. Wahrscheinlich ist dies auch der Grund, dass dort die Varroamilbe kein Problem darstellt. Außerdem leben die rumänischen Imker mit ihren Bienen und betreuen ihre Bienenhäuser von Tag zu Tag.

Die traditionelle Imkerei, die der Stroh- und Klotzbeuten, basierte auf dem Schwarm, der für die Vitalität der Völker steht. Ich habe das in Deutschland und in der Türkei gesehen, als ich mich mit alten Imkern unterhielt. Vor 30 Jahren bevölkerten sich die Klotzbeuten von Lazistan noch auf natürliche Art und Weise. Jeder hatte Bienen und es standen immer ein paar leere Beuten bereit, um Schwärme aufzunehmen. Die Imker nutzten die Dynamik der Völker, um mehr Honig zu produzieren, ohne alles selbst kontrollieren zu wollen. Sicherlich erhielten sie einen geringeren Ertrag pro Beute, aber innerhalb eines natürlichen Gleichgewichts.

In den Vereinigten Staaten werden die Bienen palettenweise auf Lastwagen transportiert, damit sie die Tausende Hektar an Mandelbäumen bestäuben, bei denen es Pollen und Nektar nur in zu geringen Mengen gibt. Man ernährt die Bienen mit einer Mischung aus weißem Zucker und Pollen oder, noch schlimmer, mit Proteinen aus pestizidbehandeltem Soja. Diese, wie ich sie nenne, industrielle Imkerei muss in jeder Saison riesige Verluste unter den Bienen hinnehmen. Sie sterben wegen der Pestizide, vor allem der Neonicotinoide, die neurotoxisch wirken. Und wenn das die Bienen nicht direkt tötet, dann sterben sie an Krankheiten und Parasitosen, weil diese Produkte ihr Immunsystem schwächen, weil sie keine abwechslungsreiche Nahrung bekommen, weil sie neuen Schädlingen und neuen Viren ausgesetzt sind, die sich über die ganze Welt verteilen können, weil Bienenvölker importiert werden, um die Bestände wiederherzustellen. Diese Ursachen sind in allen Industrieländern vorhanden, in denen die Imker ihre Bienen in einer Umwelt züchten müssen, die aus dem Gleichgewicht geraten ist.

Das Leben in einem Bienenvolk ist in vollkommenem Gleichgewicht. Es passt sich immer an die Umstände in der Natur an, beispielsweise durch die reduzierte Eiablage der Königin vor dem Überwintern oder umgekehrt durch die Produktion Hunderter von Arbeiterinnen in der Zeit der Nektartrachten. Das anpassungsfähige Gleichgewicht im Bienenvolk ist das Spiegelbild des in der Natur herrschenden: des Wassers, der Blüten auf den Bäumen und Wiesen und der aufeinander folgenden Jahreszeiten. Und genau dieses globale Gleichgewicht ist gestört.

Überall auf der Welt, wo Bienen sterben, steht das in Verbindung mit menschlichen Aktivitäten. In Nepal hat sich die Bevölkerung in nur zehn Jahren verdreifacht, die Lebensweise hat sich jedoch nicht verändert. Die Abholzung, eine Folge des steigenden Bedarfs an Brennholz und an Anbauflächen für die Landwirtschaft, zerstört immer mehr den natürlichen Lebensraum der wild lebenden Bienenvölker. Die Anzahl der Schwärme an den Felswänden und in den Bäumen hat sich halbiert.

In anderen Ländern sind die landwirtschaftlichen Großprojekte das Problem. Die riesigen Palmölplantagen haben 70 Prozent der Wälder auf Borneo vernichtet. Das noch geschützte Omo-Tal wird durch den Anbau von Tausenden von Hektar Zuckerrohr vollständig verändert werden. Indischen und chinesischen Unternehmen werden die Ausbeutung afrikanischer Landflächen zur intensiven Landwirtschaft und der dazugehörige Einsatz von Pestiziden gestattet. Die ganze Welt ist dabei, sich zu verändern. Und wenn man den Rückgang der Bienenvölker betrachtet, so sind dabei die immer weiter zurückweichenden traditionellen Imkereien in Ländern wie Frankreich, wo früher einmal fast jede Familie mindestens ein Dutzend Bienenstöcke besaß, noch nicht mal mit eingerechnet.

In Frankreich wird auf die Natur ein sehr starker Druck ausgeübt, vor allem wegen der nach dem Krieg gefällten Entscheidung für die intensive Landwirtschaft. Zahlreiche Wildblumenarten sind verschwunden, all die, die man am Straßenrand fand, aber auch die auf den Wiesen. Diese Wiesen sind zusammengelegt worden, um Platz für die großen Monokulturen zu schaffen. Die wichtigsten Agrargenossenschaften vertreiben nur noch gebeiztes Saatgut, das mit Pestiziden vorbehandelt worden ist. Es wird immer schwieriger, anderes Saatgut zu bekommen. Das Problem wird durch die Eigenschaften der neuen Varietäten noch verschlimmert, wie etwa die der Hybridsaaten von Sonnenblume und Raps, die 2008 und 2012 in Frankreich eingeführt wurden. Hier bringen die Pflanzen fast überhaupt keinen Nektar oder Pollen mehr hervor.

Éric Tourneret

Bei diesem landwirtschaftlichen Modell werden tonnenweise Pestizide ausgebracht, um das »Unkraut« zu vernichten. Dabei werden auch sämtliche Mikroorganismen im Boden geschädigt. Die Erde verkommt zu einem toten Substrat, das nur noch mit Chemie am Leben gehalten wird. Rund 70 Prozent unserer Oberflächengewässer sind daher verseucht. Das bedeutet, dass sich sämtliche in der Landwirtschaft verwendeten Produkte in ihnen wiederfinden. Die Wirkung dieses Cocktails hat noch niemand ermittelt. Und dieses Wasser trinken die Bienen. Man muss dazu wissen, dass sie während der Hauptsaison einen Liter Wasser täglich konsumieren.

Wir sind nahezu an dem Punkt angekommen, an dem es zu einem Zusammenbruch der Umwelt kommt, von dem sie sich nicht mehr erholen kann. Durch ihre Widerstandskraft ist die Natur in der Lage, mit Krisen umzugehen. Eine, die sich schon manifestiert hat, ist die Klimaerwärmung. Sie hat wohl noch weitreichendere Konsequenzen, weil sich durch den Verlust der Biodiversität die Anpassungsfähigkeit der Tier- und Pflanzenarten verringert. Die französischen Imker haben bereits darunter zu leiden. So waren die Jahre 2012 bis 2014 in Bezug auf die Honigproduktion katastrophal. Klima und Niederschlagsmengen werden immer weniger vorhersehbar, heftige Regenfälle lassen die Blüten abfallen und Nordwinde, wie sie 2015 auftraten, trocknen die Böden und Pflanzen aus. Wegen der kalten Witterung fliegen die Sammlerinnen seltener aus, obwohl es eigentlich Hochsaison ist. Dies kann in unseren Ländern schnell zu einer Katastrophe führen, denn die Imkersaison dauert nur vier bis fünf Monate.

Der Gipfel des Ganzen ist, dass der Markt, der so bedient wird, künstlich geschaffen wurde. Die intensive Landwirtschaft ist nur überlebensfähig, weil sie subventioniert wird und weil die Umweltkosten nicht eingerechnet werden. Sie ist auch der Faktor, der die Agrarwirtschaft in Asien und Afrika destabilisiert, denn wir verkaufen seit 20 Jahren unsere Nahrungsmittelüberschüsse dorthin. Durch unsere Subventionen wird der gesamte Nahrungsmittelweltmarkt verfälscht, sowohl in Europa als auch in den USA, und die Vereinten Nationen sind sich dessen sehr wohl bewusst.

Wir müssen zu einer realen Ökonomie zurückkehren und nach und nach die Subventionen zugunsten einer dauerhaften Landwirtschaft abstellen, die auf dem Prinzip der Nachhaltigkeit basiert. Würde man die Agro-Forstwirtschaft in demselben Maße subventionieren wie den Getreideanbau, wäre sie in Frankreich schon sehr weit fortgeschritten. Es geht nicht darum, zu einer Landwirtschaft zurückzukehren, wie wir sie vor 100 Jahren hatten, sondern die technologische Dynamik unserer Zeit für ein neues landwirtschaftliches und soziales Modell zu nutzen, das auf agrarwissenschaftlichen Innovationen beruht. Das Internet verbindet Personen miteinander. Warum nutzen wir es nicht, um Verbindungen zwischen Städtern und Landwirten herzustellen? In der heutigen Zeit ist alles schwer durchschaubar. Wir kennzeichnen Bio-Produkte, wo wir eigentlich alle anderen Produkte etikettieren müssten. Das wäre die erste Pflicht dem Verbraucher gegenüber. Würden Sie sich dann zum Kauf eines billigen, pestizidverseuchten Nahrungsmittels entscheiden, täten Sie es in vollem Bewusstsein.

Zum Zeitpunkt, an dem dieses Buch in Druck geht, hat sich die Mehrheit der europäischen Abgeordneten für den TTIP-Vertrag ausgesprochen, in dem ein Mechanismus (ISDS) festgelegt ist, der es Unternehmen gestattet, von den Staaten finanzielle Entschädigungen einzufordern, wenn sie sich durch eine Entscheidung benachteiligt fühlen. Dieses System tritt die Grundlagen der Demokratie mit Füßen, weil es die Regierungen daran hindert, auf die Wünsche der Bürger einzugehen. Ein Verbot gentechnisch veränderter Pflanzen könnte beispielweise zu astronomisch hohen Reparationszahlungen an die Großunternehmen führen, und die Regierungen könnten daher davor zurückschrecken.

Die Lage ist äußerst ernst. Zur Bestätigung: Wissenschaftler der Universität Düsseldorf arbeiten bereits daran, eine genetisch veränderte Biene zu erschaffen, und es wird ihnen sicherlich gelingen, einen neuen Stamm hervorzubringen, der gegen bestimmte Pestizide resistent ist! Ich habe den Eindruck in einem Science-Fiction-Roman zu leben, wo das Recht der Menschen auf ein gesundes Leben mit Füßen getreten wird, und die Dinge, die uns die Natur kostenlos zur Verfügung stellt, nur von einer kleinen Minderheit beansprucht werden dürfen.

Wir durchleben eine Krise, die uns die Möglichkeit bieten kann, uns auf andere Werte zu besinnen, wie Nachhaltigkeit anstelle von Ausbeutung. Wir müssen die regionale Wirtschaft stärken, in der man der Nahrungsmittelproduktion wieder mehr Platz einräumt, vor allem, indem man der Jugend dabei hilft, kleine, vielfältig aktive Betriebe aufzubauen. Das ist ein realistisches Modell, das schon viele Ökonomen vorgeschlagen haben. Es ist dazu geeignet, Arbeitsplätze zu schaffen, die nicht verlagerbar sind. Die Imker sind ein Beispiel dafür. Sie verdienen Unterstützung, weil sie die regionale Wirtschaft beleben und weil dank ihnen das Bienensterben in Grenzen gehalten werden kann. Ihr Beruf hat sich von Grund auf verändert. Sie sind zu Bienenzüchtern geworden und gleichzeitig zu Garanten für den immensen Dienst, den die Insekten der Menschheit erweisen, indem sie die Nutzpflanzenkulturen bestäuben. Genau das ist der Grund, warum ich meine Arbeit mache!«

INSEL OUESSANT
Ihre isolierte Lage und das Fehlen sämtlicher Bienenkrankheiten, auch der Varroamilbe, machen die Insel Ouessant zu einem idealen Reservat. Wissenschaftler und Bienenexperten finden hier, was in Europa einzigartig ist und in der Forschung als »weißer Fleck« bezeichnet wird, nämlich eine unhybridisierte, reinrassige Dunkle Honigbiene, *Apis mellifera mellifera*. Ouessant-Bienen leben überdies in einer Umgebung ohne intensive Monokulturen und Pestizide. Auf der Insel stellt man keine größeren Verluste unter den Bienenvölkern fest.

Dank

Théophile Marie, genannt Moisson, und Aurélien Hagneré, meine »Kletterfreunde«, die mir in Indien, in Kongo-Brazzaville und Indonesien in Augenblicken großer Einsamkeit beigestanden haben. **Republik Kongo** – Pater Lucien Favre, Monsignore Jean Cardin von Impfondo, der CIB von Pokola und all meine Freunde aus dem Camp von Massilia. **Indonesien** – die Vereinigung APDS, Valentinus Heri von der Stiftung Riak Bumi, der Sultan von Selimbau, Mengambil Suliman und die Familie von Pak Hamsah aus dem Dorf Lubak Mawang. **China** – Yang Chuan und der Fotograf Jiehao Su, der mir assistiert hat. **Äthiopien** – Bertrand Duquénois von voyageéthiopien.com, Andualem Gebre, Reiseführer aus Jinka. **Panama** – Pascal Accard, Apiculture Malivern, Neyda Batista. **Brasilien** – M. Roque, Vilena Fernandes da Silva, Joao Evangelista Moteiro. **Costa Rica** – Forschungszentrum für tropische Imkerei (Centre de recherche sur l'apiculture tropical – CINAT), Raphael Calderon, Carlos Vargas, Jony Arce. **Slowenien** – Andrey Rizic und die Vereinigung slowenischer Imker. **Indien** – Pratim Roy und Léo Alexander von der Keystone Foundation, Then Mari und Ayyasami aus dem Dorf Thaladassadatti, nicht zu vergessen der verstorbene Guru Sammy und die Irula-Frauen vom Centre de ressources in Hasanur. **Australien** – Ben Brown, Jerry Brown, Peter Yates, Peter Bartlett, Frank Malfroy, Tim Malfroy, Grace Pundyk, Autorin des Buches *The Honey Trial*, und Audrey Martin. **Hong Kong** – Michael Leung. **Türkei** – Mustapha Memoglu und Atilla Guneri für ihren herzlichen Empfang. **Deutschland** – Klaus Ahrens, Heinrich Inselmann, Sven Dunker. **Berlin** – Erika Mayr, Frank Hinrichs, Uwe Marth, Hans Oberländer, Andreas Krüger, Heinz Risse, Philipp Markert, Dr. Sebastian Spiewok und die Organisation Berlin summt. **Großbritannien** – Karen Scott, Mark und Kim Prichard und die Imkervereinigung der Orkney-Inseln. **London** – Gavin Jenkins, Dr. Luke Dixon, Joel Hemesley, Sharon Bassey, Barnaby Shaw, Mikey Tomkins, Brian Mc Callum, Steve Benbow, Alessia Bolis und die Londoner Imkervereinigung. **Argentinien** – Nélida Noemi Risatti und Carlos Cordoba für ihre Freundlichkeit und Geduld sowie Gilles Fert, Bienenköniginnenzüchter, für seine Kontakte. **Nepal** – Tenzi Sherpa und Pasang Dendi Sherpa, unsere Führer. Bolo Kesher Rai und sein Sohn Shambhu Rai für ihre Gastfreundschaft. Die Mitglieder der Gemeinde Bung. Èric Dufour für seine Kontakte. **Mexiko** – Cecilia Larrabure, Thomas Gruber von Maya Fair Trading. Die Genossenschaft Tosepan und ihr Sprecher Aldegundo González Alvarez. Remy Vandame vom Ecosur-Institut in Tapachula. **Kamerun** – mein Reiseführer Nana Saidou und Hamadou Amadou Ben Bappa aus Vétafric. Joseph Garba Kaigama und Dominique Benault, die ich in Nepal traf, für ihre Kontakte. **Neuseeland** – Les und Helen Stowell von Whakaari Beekeepers Ltd., Wira Gardiner, Norman Parata und seine Jugendfreunde aus Ruatoria, Dommy Donald Collier. **Rumänien** – Onéa Dinu, der mich herzlich aufgenommen und mir sehr viel Zeit gewidmet hat. Pop Ileana aus dem Dorf Giulesti und Januk aus Vaduizei in den Maramures. **Russland** – die Bienen-Wildhüter Sabit Galin, Issangugin Sentimir, Aglam Ramujin, Rafic Yumaguzhin, Professor für Bienenzucht, und Mikhail Nikolaevich Kosarev, Direktor des Reservates von Shulgan Tash. **Vereinigte Staaten** – die Wissenschaftler Dennis vanEngelsdorp und Jeff Pettis, die Imker Bob und Dee Harvey, David und Dave Hackenberg, David Mendes, Brad Campbell, Orin Johnson, Rich, der Chauffeur, und Mea McNeil vom American Bee Journal. **New York** – Andrew Coté, Megan Paska, David Graves, die New Yorker Imkervereinigung und die Organisation Just Food. **Frankreich** – meine Imkerfreunde Olivier Fernandez, Charlotte Dumas, Stéphanie Rack, Élisa Blanchard, Éric Dufour, Étienne Roumailhac, Gilles Fert, Henri Duchemin, Hervé Robert Garouel, Louis Pernot, Audric de Campeau, Charles Peyvel, Charles le Tonquèze, Bernard Fraisse, Maurice Coudoin, Pascale Reinhardt, Lucie Hotier, Mathieu Vauprès, Claude Poirot, Alain und Damien Merit. **Meine Übersetzer** – Sandra Bieniek, Melissa Accard, Ceyda Girit, Tamara Grilc. **Meine Freunde durch Dick und Dünn** – Christophe Courau, Guillaume Le Hégarat, Stephane Lebrero, Damien Levisse, Philippe Abergel, Denis Cocquet, Fabienne Drouet, Fabien Tamboloni, Guilhem Favre, Corinne Schmitt, Macha Gorina, Isabelle Latapie, Claude Poirot, Cédric Kerviche, Francois Buren, Guilhem Rondot, Christophe Dubois. **Meine Medienkollegen** – Cédric Kerviche, Serge Nedjar, Alain und Yvette Grossman von Salvetat, Jean-Francois Didelot, Jean Claude Ameisen und Denis Cheissoux. **Mein Agent** Thierry Tinacci von LightMediation. **Eva Crane**, die nicht mehr unter uns weilt, für ihre wundervolle Arbeit, erschienen unter dem Titel *The World History of Beekeeping and Honey Hunting*. Dieses Buch war eine wertvolle Referenz bei unserer gesamten Arbeit. **Und für ihre Unterstützung bei der Ausstellung im Senat:** Pierre und Gabriel Ickowicz von der Imkerei Icko, Bertrand Freslon von Route d'or, Nicolas Géant von Beeopic, Benoit Mary von der Familie Mary, Henri Clément von Unaf, Meister Bernard Fau und Ladislas Poniatowski.

Weitere Werke des Autors

Ma ruche en ville (Texte von Nicolas Géant), Éditions Agrément, 2011
Cueilleurs de miel (Texte von Sylla de Saint Pierre, Vorwort von Pierre Rabhi), Éditions Rustica, 2009
Le peuple des abeilles (Vorwort von Hubert Reeves), Éditions Rustica, 2007

Zum Weiterlesen

- Ritter, Wolfgang: Das Bienenjahr - Imkern nach den 10 Jahreszeiten der Natur. Ein phänologischer Arbeitskalender. Verlag Eugen Ulmer 2020.
- Seeley, Thomas D.: Das Leben wilder Bienen. Wie Honigbienen in der Natur überleben. Verlag Eugen Ulmer 2021.
- Schmitz, Manfred: Aufbruch in eine neue Bienenhaltung. Aktuelle Forschung zu bienengerechter Imkerei. Verlag Eugen Ulmer 2020.
- Spürgin, Armin: Die Honigbiene. Vom Bienenstaat zur Imkerei. Verlag Eugen Ulmer, 6. Auflage 2020.
- Tourneret, Éric & de Saint Pierre, Sylla, & Tautz, Jürgen: Das Genie der Honigbienen. Verlag Eugen Ulmer 2018.

Anmerkung zur Schreibweise (Gendering): Gendergerechtigkeit und Inklusion sind bei uns gelebte Praxis – bei der Auswahl unserer Themen, bei der Recherchearbeit, in der Gestaltung. Unsere Texte meinen alle. Damit unsere Inhalte jedoch gut lesbar bleiben, verzichten wir in diesem Werk auf die jeweilige Mehrfachnennung oder Anpassung der Schreibweise bestimmter Bezeichnungen an die weibliche, männliche oder diverse Form.

Titel der französischen Originalausgabe:
Les routes du miel
Aus dem Französischen von Claudia Ade
Erschienen 2015 bei Éditions Hozhoni

Bibliografische Information der Deutschen Nationalbibliothek
Die Deutsche Nationalbibliothek verzeichnet diese Publikation in der Deutschen Nationalbibliografie; detaillierte bibliografische Daten sind im Internet über http://dnb.d-nb.de abrufbar.

Wollgrasweg 41, 70599 Stuttgart (Hohenheim)
E-Mail: info@ulmer.de
Internet: www.ulmer.de
Umschlagentwurf: Éditions Hozhoni, Verlag Eugen Ulmer
Projektleitung: Jennifer Zajonz
Lektorat: Michael Kokoscha, Oberhausen
Herstellung: Gabriele Wieczorek, Katharina Merz
Satz: Michael Kokoscha, Oberhausen
Druck und Bindung: Livonia Print, Riga
Printed in Latvia

ISBN 978-3-8186-1652-6